U0623336

# 别在该吃苦的年纪选择安逸

王桂兰◎编著

中国出版集团

中译出版社

**图书在版编目（CIP）数据**

别在该吃苦的年纪选择安逸／王桂兰编著 . —北京：
中译出版社，2020.1

ISBN 978 – 7 – 5001 – 6148 – 6

Ⅰ.①别… Ⅱ.①王… Ⅲ.①成功心理 – 通俗读物
Ⅳ.①B848.4 – 49

中国版本图书馆 CIP 数据核字（2019）第 299506 号

**别在该吃苦的年纪选择安逸**

**出版发行**／中译出版社

**地 址**／北京市西城区车公庄大街甲 4 号物华大厦 6 层

**电 话**／（010）68359376 68359303 68359101 68357937

**邮 编**／100044

**传 真**／（010）68358718

**电子邮箱**／book@ ctph. com. cn


**策划编辑**／马 强 田 灿     **规 格**／880 毫米×1230 毫米 1/32

**责任编辑**／范 伟 吕百灵     **印 张**／6

**封面设计**／泽天文化     **字 数**／135 千字

**印 刷**／山东汇文印务有限公司     **版 次**／2020 年 3 月第 1 版

**经 销**／新华书店     **印 次**／2020 年 3 月第 1 次

ISBN 978 – 7 – 5001 – 6148 – 6     定价：32.00 元

**版权所有 侵权必究**

中 译 出 版 社

# 前　言

昔有贤者云：吃得苦中苦，方为人上人。"人上人"的说法，可能不符合现代"人人平等"的思想，但其传达的核心思想历久弥新：成功来之不易，吃苦在所难免。

一百多年前，当有人用极其尊敬的口吻问卢梭毕业于哪所名校时，卢梭的回答出人意料且引人深思："我在学校里接受过教育，但最令我受益匪浅的学校叫'苦难'。"

原来，是苦难而不是其他的什么成就了卢梭。这也印证了一句老话：自古英雄多磨难，从来纨绔少伟男。

在年轻人的人生之旅中，有太多的安逸与诱惑。上班"吹吹水"，下班躺在床上一部手机能玩到凌晨：逛淘宝、刷抖音、看微博、聊微信……

这样的日子很安逸，给人岁月静好之感。但这绝不是年轻人该有的状态，你今天贪图的安逸，会在明天变成加倍的苦难惩罚你。这是一个变化、进化极快的时代，你不努力跟上时代，就会被时代所抛弃！

冰心说："成功的花，人们只惊羡她现时的明艳！然而当初她的芽儿，浸透了奋斗的泪泉，洒遍了牺牲和血雨！"

当你在成长时，你会感到痛。小毛虫在蜕变成蝴蝶之前，皮被磨破，蜕去，那种痛令它窒息。"长大的小毛虫撕心裂肺地哭喊着：'小茧子，你永远是我最温暖的家，我离不开你。'可回答的只有风的呜咽……"

当你在进步时，你会感到累。难走的是上坡，如果有一天你说"好轻松啊"，是时候反省一下自己了，因为你在走下坡路。

愿你在吃苦中激发斗志，开阔视野，升华灵魂，最终成为自己，成就自己！

# 目　录

# 第一章　是什么让你原地踏步

处身移动互联网时代，世事如棋局局新。大家都在进步，你要是原地踏步，不消三年，只需要三个月你就跟不上别人脚步。

同样是一辈子，有的人在固有的圈子里，用固有的方式"复读"了一辈子，而有的人通过探索、学习不断地走出舒适区，不断地改变自己，一次次打破自己固有的局限性，最终活成自己想要的样子。

# 多少人在旧格局里打转

一位记者采访某贫困山区的放牛娃："你放牛是为了什么？"

"挣钱。"放牛娃回答。

"挣钱做什么？"

"娶媳妇。"

"娶媳妇做什么？"

"生娃。"

"生娃做什么？"

"放牛。"

……

这场看似平淡的对话让人读了不胜唏嘘。山区的放牛娃由于知识、眼界的束缚，将自己的世界锁定在"牛、妻、娃"这三者身上。而一个人活着，如果仅仅是为了挣钱娶妻生娃，在生命的旧格局里打转，该是多么苍白平庸的一生啊。

都市中就没有"放牛娃"吗？台湾政坛上有名的陈文茜女士，在接受央视记者白岩松的采访时，说过一段这样的话："女人在这个社会并不容易独处，你嫁丈夫也不容易独处，你单身也不容易独处，所以我们看到大多数的家庭主妇、职业妇女都不太快乐。很大的原因就是说，其实世界上可以给一个女人的东西相当少，她就守住一块天，守住一块地，守住一个家，守住一个男人，守住一群小孩，她的人生到后来，她成了中年女子，她很少感到幸福，她感到的是一种被剥夺感。"

这段话中，最令编者感兴趣的是："守住一块天，守住一块地，守住一个家，守住一个男人，守住一群小孩，她的人生到后来，她成了中年女子，她很少感到幸福。"陈文茜女士的话本来是针对女人说的，认为许多女人限制了自己，将自己的格局做得很小，因此失去了幸福感。其实不仅仅是女人，男人也同样会把自己的人生格局做得很小。

人生是一盘大大的棋，你却只在一个边角消磨时间。要是你能怡然自得倒没什么，因为幸福只是一种单独个体的感觉，你觉得蛮好，那就蛮好，旁人无法置喙。但若你一面哀叹自己"命苦"，不甘心，不服气，一面还在那个狭仄的边角不思改变，那就需要好好反思了。有一个词叫"局限"，局限就是格局太小，为其所限。就像是下围棋，你是在四个角放棋子，而不是在一个角扭羊头，这个格局就大了。不管你身处何等位置，都要有大视野、有大追求、有大气魄。格局越大，你才可以不被眼前的小事情所羁绊，做到天高任鸟飞、海阔凭鱼跃。

一个年轻学生，居然主动放弃了世界顶尖的哈佛大学的本科学位。那一年，他已经是大三学生了。一张哈佛大学的烫金文凭，眼看就要到手了。要是你，想得到、做得出吗？——很难，是的。但有人在1975年就做到了，他是蝉联世界首富十几年的比尔·盖茨。19 岁的他看到了微软视窗操作系统的发展前景，果断地放弃了大学学业。"我们意识到软件时代到来了，并且对于芯片的长期潜能我们有足够的洞察力，这意味着什么？我现在不去抓住机会反而去完成我的哈佛学业，软件工业绝对不会原地踏步等着我。"

比尔·盖茨的眼光、见地、气魄，都反映出他是做大事的，格局很大。作为普通的你我，只有境界高、格局大，人生才会走得宽广；格局小的人，一辈子都活在患得患失当中。

## 太在意眼前会失去未来

一棵苹果树终于开花结果了，它非常兴奋。

第一年，它结了 10 个苹果，9 个被动物摘走，自己得到 1 个。对此，苹果树愤愤不平，于是自断经脉，拒绝成长。

第二年，它结了 5 个苹果，4 个被动物摘走，自己得到 1 个。"哈哈，去年我得到了 10%，今年得到 20%！翻了一番。"这棵苹果树心理平衡了。

而它旁边的梨子树，第一年也结了 10 个果子，9 个被摘走，自己得到 1 个。它继续成长，第二年结了 100 个果子。因为长高大了一些，所以动物们没那么好采摘了，它被摘走 80 个，自己得到 20 个。与苹果树同样从 10% 到 20%，但果子的数目是后者的 20 倍。

第三年，梨子树很可能结 1000 个果子……

其实，在成长过程中得到多少果子不是最重要的，最重要的是树在成长！等果树长成参天大树的时候，你自然就会得到更多。

其实，人也如同一株成长中的果树。刚开始参加工作的时候，你才华横溢、意气风发，相信"天生我才必有用"。但现实很快敲了你几个闷棍，或许，你为单位做了大贡献没人重视；或许，只得到口头重视但却得不到实惠；或许……总之，你觉得就像那棵苹果树，结出的果子自己只享受到了很小一部分，看起来很不公平。

为什么付出没有回报？为什么为什么为什么……？你愤怒、你懊恼、你牢骚满腹……最终，你决定不再那么努力，让自己的所付出的对应自己所得到的。

不久之后，你发现自己这样做真的很聪明。自己安逸省事了很多，得到的并不比以前少。你不再愤愤不平了，与此同时，曾经的激情和才华也在慢慢消退。你已经停止成长了。而停止成长的人，还有什么前途、盼头呢？

这样的令人惋惜的故事，在我们身边比比皆是。之所以演变成这样，是因为那些人忘记生命是一个历程，是一个整体。总觉得自己已经成长过了，现在是到该结果子收获的时候了。他们因太在意眼前的结果，而忘记了成长才是最重要的。

有一个年轻人在一家外贸公司工作了一年，而且苦活累活都是他干，工资却是拿最低。他曾试探性地与老板谈了待遇问题，但老板没有任何给他涨工资的迹象。

这个年轻人本来想混日子算了，同时骑驴找马另寻他路。当年轻人把自己的想法告诉了一个年长的朋友，他的朋友建议他：

"出去试试也不错，不过，你最好利用现在这个公司作为锻炼自己的平台，从现在开始努力工作与学习，把有关外贸大小事务尽快熟悉与掌握。等你成为一个多面手与能人之后，跳槽时不就有了和新公司讨价还价的本钱了吗？"

年轻人想想朋友的建议也有道理。利用这样一个有工资得的学习场所，也是不错。

又是一年后，朋友再次见到了这位昔日不得志的年轻人。一阵寒暄过后，问年轻人："现在学得怎么样？可以跳槽了吧？"年轻人兴奋中夹杂着一丝不好意思，回答道："自从听了你的建议后，我一直在努力地学习和工作，只是现在我不想离开公司了。因为最近半年来，老板给我又是升职，又是加薪，还经常表扬我。"

——看看，这就是一个"成长"的人的收获。年轻人，你长得越壮越大，别人就越不敢怠慢你。退一步说，即使被怠慢了，你一身好武艺，何愁没前途！

## 玩物丧志，浑浑噩噩

玩物的嗜好，是国人几千年的传统。观鱼赏花，斗鸡跑马，凡此种种，无非爱好一物，以至于痴迷，详察细品，多觉妙趣。一般来说，人有点嗜好并不是一件坏事，甚至常常是一件陶冶身心、增加情趣的好事。但嗜好要有一定的尺度，爱好但不迷恋，否则会被物所役，导致丧志。少年丧志则难成大事，老来丧志则难保晚节。而身处人生事业顺境者，一旦丧志，将有坠落逆境的危险。

周惠王九年，卫惠公的儿子姬赤继位，当上了卫国国君，后人称他为卫懿公。

卫国是个小国，在诸侯争霸中，靠齐国帮助才得以生存下来，成为齐国的附庸国。卫懿公当上国君后，不图富国强兵，不理朝政，而是天天吃喝玩乐。他酷爱养鹤，在宫中建造豪华的鹤舍，派人精心饲养，凡是献鹤的人都重奖封官，还给鹤以官吏一样的待遇——戴官帽、坐官车、享官禄。而对百姓的饥寒，他却不闻不问。

同理朝政的卫国大臣石祁子和宁速，见懿公一心玩鹤，置朝政于不顾，很是着急，曾多次劝谏，均遭拒绝。懿公的大哥公子毁，料到国将衰亡，就借机离开卫国出走了。国中百姓怨声载道。

当时有一个部族山戎，经常派兵骚扰齐国边界，齐国准备讨伐山戎。此事被强大的狄国得知，其君主瞍瞒雄心勃勃，想侵略中原，他认为齐国讨伐山戎，决不会放过狄国，不如先发制人，发兵进军齐国。而攻打齐国，必须首先消灭卫国。

一天，懿公驾着豪华的马车，前呼后拥，准备载鹤出外游玩。宫中侍卫慌忙送来狄国入侵的情报。懿公听了大吃一惊，立即召集人马，准备迎敌。可是，老百姓没有一个肯应征，青壮年纷纷逃跑。懿公派兵捉回百余人，责问道：

"大敌当前，你们为什么逃跑？"

众人说："鹤可以对付敌军，要我们老百姓有什么用？"

懿公说："鹤能作战吗？"

众人说："既然不会作战，养它干什么？"

这时，懿公方知道一心玩鹤，不理国政，是大错而特错了，忙向宫仆传令，将鹤统统放了。但是那几十只鹤腾空飞了几圈，又都飞回原处。

石祁子和宁速上街宣传，说懿公已经悔过自新，不再玩鹤，百姓这才肯当兵准备迎敌作战。懿公亲自带兵，陷入狄兵埋伏，将士见敌势凶猛，丢掉战车兵器，纷纷逃命。

剩下懿公和几名侍卫，被狄兵包围，懿公被砍成了肉泥，最终全军覆没。

仙鹤虽美，却不能御敌，这是卫懿公亡国的教训。玩鹤虽还不失为一种雅好，但历史上那些荒淫无耻的帝王在后宫中所玩，不仅败国丧家，而且为后人所不齿。

商纣王是个荒淫无度的昏君，一天到晚，不是与宫女妃子们淫戏，就是喝酒狂饮，把皇宫闹得乌烟瘴气。他还嫌这样的淫乐、狂欢不够味，又下令在沙丘建立一个专供淫乐狂饮的逍遥宫。

为了满足他的花天酒地的开支，他下令增收各种赋税，搞得许多百姓家破人亡。他又一再下令选美，选得绝色美女苏妲己后，更是迷于女色，不理朝政。

一些正直的大臣都忧心忡忡，不断向纣王进谏。纣王根本不听，反而对进谏者不是贬官，就是废为平民，吓得群臣们都不敢再进谏了。后来，纣王干脆设立各种酷刑，如炮烙之法、剁胫之刑……用来对付向他劝谏的大臣和不服从他统治的庶民。

每一次施刑，纣王和妲己当场饮酒取乐，在调笑中看着受刑的人痛苦万分地死去。炮刑时，望着受刑者被炭火烧化为焦烟时，纣王和妲己还发出阵阵狂笑。

老百姓们日夜祈祷：上天啊！赶快降下大命吧！替我们消灭残暴的商纣王！四方诸侯也一个接一个地举起了反殷的义旗。但这些消息传到商纣王那里，他只是不屑一顾地狂妄冷笑说："我是上天选定的真命天子，他们怎么奈何得了我！"

一天，殷商三贤士之一的比干又一次冒死劝谏，商纣王竟然命令人把他的心肝挖了出来。

微子听说后，马上匆匆地逃离了京师。箕子只好装成疯子，纣王仍不放过他，还是把他关进了监狱。

纣王残害三贤的消息一传来，周武王就率领大军浩浩荡荡地出发了；各诸侯国的军队也纷纷加入了讨伐商纣王的战争。大军所到之处，人民像久旱盼春雨一样欢迎官兵们；一遇到商纣王的军队，商军官兵都纷纷倒戈。

很快，周武王的军队攻到京城。前些天还是不可一世的商纣王，这时变成一只人人喊打的过街老鼠，被狼狈地烧死在大火中。

商纣好淫，简直到了不可思议的程度。除了淫乐，他已经置国家安危于不顾。这样"玩物"，必然导致"丧志"，死无葬身之地是必然的。

当今世界，日新月异，可玩之物层出不穷。一部手机，使多少年轻人沉溺其中？

"少壮不努力，老大徒伤悲"，"玩"丢了的岁月，再也无法找回。如果你正处在一生成败的关键时刻，玩物丧志将使你跌入浑浑噩噩之中。

# 温水煮青蛙：慢性自杀

据说，如果将一只青蛙扔入开水里，它会奋起一搏，迅速跳离险境。而将一只青蛙放在温水中，缓慢地把水煮开，青蛙竟会无动于衷而被煮死。

青蛙可能是这样愚蠢，不过人也没有比它高明到哪里。很多人往往在厄运面前能力挽狂澜，却对于缓慢逼近的危险麻木不仁。

有句俗话是这样说的，"生于忧患，死于安乐"，意思是人在困苦的环境中因为容易激发奋斗的力量，反而容易生存；而在安乐的环境中，因为没有压力，容易懈怠便会为自己带来危难。这一句话也可这么解释：人如果时刻都有忧患意识，不敢懈怠，那么便能生存；如果安于逸乐，今朝有酒今朝醉，那么就有可能自取灭亡。

不管将这句话做何解释，它的基本精神都是一致的，也就是说："人要有忧患意识！"用现代的流行语言来说，就是要有"危机意识"。

一个国家如果没有危机意识，这个国家迟早会出问题；一个企业如果没有危机意识，迟早会垮掉；个人如果没有危机意识，必会遭到不可测的横逆。

也许你会说，你命好运好，根本不必担心明天，也不必担心有什么横逆；你还会说，"未来"是不可预测的，"是福不是祸，是祸躲不过",既是如此,一切随兴随缘,又何必要有"危机意识"呢?

没错,未来是不可预测的,而人也不是天天都会走好运的,就是因为这样,我们才要有危机意识,在心理上及实际作为上有所准备,以应付突如其来的变化。如果没有准备,发生意外时不要说应变措施,光是心理受到的冲击就会让你手足无措。有危机意识,或许不能把问题消除,但却可把损害降低,为自己找到生路。

伊索寓言里有一则这样的故事:有一只野猪对着树干磨它的獠牙,一只狐狸见了,问它为什么不躺下来休息享乐,而且现在也没看到猎人和猎狗。野猪回答说:"等到猎人和猎狗出现时再来磨牙就晚啦!"

这只野猪就有"危机意识"。

那么,个人应如何把"危机意识"落实在日常生活中呢?

这可分成两方面来谈。

首先,应落实在心理上,也就是心理要随时有接受、应付突发状况的准备,这是心理准备。心理有准备,到时便不会慌了手脚。

其次是生活中、工作上和人际关系方面要有以下的认识和准备:

——人有旦夕祸福,如果有意外的变化,我的日子将怎么过?要如何解决困难?

——世上没有"永久"的事,万一失业了,怎么办?

——人心会变,万一最信赖的人,包括朋友、伙伴变心了,怎么办？

——万一健康有了问题，怎么办？

其实你要想的"万一"并不止我说的这几样，所有事你都要有"万一……怎么办"的危机意识，且预先做好各种准备。尤其关乎前程与事业，更应该有危机意识，随时把"万一"摆在心里。心里有"万一"，你自然就不会过于高枕无忧。人最怕的就是过安逸的日子，我曾有一位同事，因为过了整整20年平顺的日子，如今工作技术毫无进展，前进后退都无路，而年已50，又不甘心沦为人人看不起的小角色。后来呢？他还是只能当一个小角色每天混日子。他正是"死于安乐"的最典型的例子。

你现在的状况如何，是忧患，还是安乐？忧患反而不足畏，真正要担心的是安于安乐而忘记忧患。

## 必须埋葬"我不能"先生

我不能考上律师证；

我不能追到 XX；

我不能在北京买房……

多少次当你头脑里有一个想法后，你很快就用"我不能"自我否决了？

现在，请埋葬一个恶棍，这个恶棍叫作"我不能"。因为有它的存在，导致了多少人碌碌无为。如果说信心是力量、是成功，那么灰心就是懦弱、是退却，而死心则是投降、是失败。在"我不能"的身上，打有"死心"的烙印。

除非你要做的有悖于法律道德、公序良俗，否则，不要轻易说出或想到"我不能"。要做事业，没有足够的信心来支撑是根本不可能的。谁见过一件能够称得上"事业"的事情，是一蹴而就？没有。在通往事业巅峰的路上，险阻重重，没有信心你哪来攀登的动力与勇气？爱迪生发明灯泡，尝试了很多很多的灯丝材料才最终找到理想的材质。若他对自己的发明思路没有信心，他早就放弃了。所以，成事的关键之一是信心，没有信心就别谈干事业！信心来源于自己的内心，就是大脑下达给四肢的命令。你心想自己是最棒的，那么大脑指挥你的一切行动就是最美表现。

你的信心在哪里，你就在哪里。一个外国老人在年届70岁时开始学习登山，随后的25年中一直冒险攀登高山，其中几座还是世界上有名的山峰。这个老人在95岁高龄时登上了日本的富士山，打破了攀登此山年龄最高纪录。老人坦言成功的原因在于，"个人能做什么事不在于年龄的大小，而在于有什么样的想法"。

"我不能"先生死了，"能"的奇迹才会出现。唐娜是一位即将退休的美国小学老师，一天她要求班上的学生和她一起在纸上认真填写自己认为"我不能"的事情。每个人都在纸上写下自己认为所不可能做的事，诸如"我不能做10次仰卧起坐"，"我不能吃一块饼干就停止"。唐娜则写下"我不能用非体罚好好管教亚伦"。然后大家将纸张投入了一个空盒内，将盒子埋在了运动场的一个角落里。唐娜为这个埋葬仪式致辞："各位朋友，今天很荣幸能邀请各位来参加'我不能'先生的葬礼。他在世的时候，参与我们的生命，甚至比任何人影响我们还深。……现在，希望'我不能'先生平静安息……希望您的兄弟姊妹'应该能''一定能'继承您的事业——虽然他们不如您来得有名、有影响力。愿'我不能'先生安息，也希望他的死能鼓励更多人站起来，向前迈进。阿门!"

之后，唐娜将"我不能"纸墓碑挂在教室中，每当有学生无意间说出"我不能……"这句话时，她便指向这个象征死亡的标志，孩子们就立刻想起"我不能"已经死了，进而想出积极的解决方法。唐娜对孩子们的训练，实际上是我们每个人必修的功课。如果我们经常有意无意地暗示自己"我不能"，那么，这种坏的信念就会摧毁我们的一切，而"应该能""一定能"等积极的暗示，则可以调动起我们积极的潜意识，使我们踏上成功之路。

值得指出的是，拥有自信不是什么困难的事，但也不完全是那么简单的事。想要拥有自信，第一件事就是要知道什么是真正的自信，许多广告媒体会塑造出自信的假象，让人们以为把眉毛挑得高高的，露出一副骄傲的神情，就是自信。许多人也会以为自己是有自信的，或是声称自信，实际上那和自信距离还很遥远!

自信和外在物扯不上关系。如果你是因美丽而自信，当你年老色衰时怎么办？如果你是因金钱而有自信，世事无常，很可能哪一天你的钱财会耗尽。如果你是因拥有权力而自信，权力也不一定长久。

真正的自信是一种心境，它需要内在的东西来支持。就像当老师让你写一篇作文的时候，你的脑子里已充满了各种美妙的词句和构思，那么还会怕什么呢？你会微笑着对自己说："这有什么难的。"

## 战胜自己的弱点才能成功

翻阅无数成功人士的奋斗经历不难发现：成功的过程，恰恰是克服自身弱点的过程。亚历山大、拿破仑因身材矮小而一度自卑，可最终他们战胜自己，在政治上获得辉煌成就；苏格拉底、伏尔泰曾经为失败自暴自弃，可后来他们走出低谷，在学术领域大放光芒；希区柯克和卡夫卡经常要和懦弱焦虑的性格特点做斗争，最后他们都找到了最适合自己的方向，分别摘取了电影和文学艺术殿堂上的桂冠。弱者面对自身的弱点只会自怨自艾、自我毁灭，而强者则是奋发图强、勇于克服。

每个人都有自己的弱点，没有贪婪可能会有短视，没有懒惰可能会有浮躁，这些弱点，总是变换了各种模样，羁绊人们的思路，就像是人生路上的绊脚石，束缚着人们的手脚，阻碍人们前进。

可以说，弱点就像是我们的影子，是一生中难以回避的问题。然而，尽管这样，人性那些固有的弱点也是并不可怕的。可怕的是在弱点面前无信心、无斗志、无毅力，被这些影子任意左右。那样的话，我们的人生就会不免失败。所以，面对弱点，应该努力去克服它、战胜它。这个克服的过程，就是我们所说的成长。

德摩斯梯尼是希腊卓越的雄辩家和著名的政治家，他的著名的政治演说为他建立了不朽的声誉，他的演说词结集出版，成为古代雄辩术的典范，打动了千千万万读者的心。然而，很多人不知道德摩斯梯尼天生口吃，嗓音微弱，演讲时曾多次被人赶下台。

德摩斯梯尼为了夺回被监护人侵吞的财产，向雅典著名的演说家、擅长撰写遗产讼词的伊塞学习演说术。然而在雄辩术高度发达的雅典，无论是法庭里、广场中还是公民大会上，经常有经验丰富的演说家的论辩，听众的要求很高，演说者的每一个不适当的用词、每一个难看的手势和动作，都会引来讥讽和嘲笑。

德摩斯梯尼天生口吃，声音微弱，还有耸肩的坏习惯。在常人看来，他似乎没有一点当演说家的天赋，因为在当时的雅典，一名出色的演说家必须声音洪亮、发音清晰、姿势优美、富有辩才。为了成为卓越的政治演说家，德摩斯梯尼做了超过常人几倍的努力，进行了异常刻苦的学习和训练。他最初的政治演说是很不成功的，由于发音不清、论证无力，多次被轰下讲坛。为此，他刻苦读书学习。据说，他抄写了《伯罗奔尼撒战争史》八遍；他虚心向著名的演员请教发音的方法；为了改进发音，他把小石子含在嘴里朗读，迎着大风和波涛讲话；为了去掉气短的毛病，他一边在陡峭的山路上攀登，一边不停地吟诗；他在家里装了一面大镜子，每天起早贪黑地对着镜子练习演说；为了改掉说话耸肩的坏习惯，他在头顶上悬挂一柄剑；他把自己剃成阴阳头，以便能安心躲起来练习……

经过十年的磨炼，德摩斯梯尼终于战胜了自己的弱点，成为著名的政治演说家。其中他最著名的演说诞生在反对马其顿扩张、声讨腓力二世的斗争中，他的演说充满爱国激情、富有说服力。

据说，当腓力读到这篇演说词时，竟然说："如果我自己听德摩斯梯尼的演说，我自己也会投票赞成选举他当我的反对者的领袖。"

作为年轻人，有必要向德摩斯梯尼学习，不断挑战自我，完善自我，最终成就自我。

# 第二章　规划与布局好你的人生

　　二十几岁三十岁的人生画布，虽然并不是白纸一张，但还留有大把的空白处等待你描绘。是听任所谓的命运替你涂抹，还是由你自己定基调来描绘？

　　——答案很简单。因为人生是我们的人生，人生的一切成败得失、欢乐忧愁都由我们自己品尝。所以，在人生的画布上，我们应该是那个手握画笔的人。人生几度秋凉，只有按照自己意愿走过的人，才能像当年的恺撒大帝一样，骄傲地声称："我来了，我看见了，我征服了。"

# 想想你要过怎样的生活

对于人生的规划与布局，不可不做，也不可仓促而行。我们知道：从容一点，花在构思与策划上，画起画来才会胸有成竹，才能笔笔落在实处。

伴随着时间沙漏不容商量地流逝，我们的人生越来越短，生命画布上留给我们落笔的地方也日渐逼仄。从现在开始，开始为你的人生做一个长远规划，并根据这个规划布好人生的局，争取在余下的人生画布上尽量少画些败笔，多画些最美丽的图案。

当炒股热遍布全国时，你奋不顾身地跳入股海；当出国镀金风头正健时，你挤破头也要走出国门；当公务员热兴起时，你又忙着去考公务员……忙忙碌碌的生活，看似充实，实则苍白不堪。

忙碌之余，我们真应该聆听一下自己内心的声音。如果你所追求的并非你所真正想要的，而且它也不能给你带来快乐与满足，那么又何必费尽心思去随波逐流呢？

世界上没有一片叶子和别的叶子相同，更没有一个人与别人完全一样。认真做自己，就必须找到你与他人不一样的地方，即自己的独特之处。而且，这种发掘还不能依靠他人，只能靠自己去寻找，因为谁也不会比你更懂得自己。

　　我认识一位小学老师，她从大学毕业后就想要教书，但是因为不是师范院校的大学毕业生，当时并没有找到教书的机会，随后便到日本留学。刚回国时，她一时还找不到教职，就到一家公司担任日文翻译，很得老板的信任，待遇也相当好，但是她仍不放弃教书的念头。后来她去参加教师资格考试，考取后立刻辞去了翻译的工作。

　　教书的薪水肯定要比翻译少很多，因此很多人都不理解她的行为。可是她很坚定地说："我就是喜欢小孩子，也喜欢当一个老师。"

　　有一回我碰到她，问她近来如何。她马上很兴奋地告诉我："今天刚上过体育课。我跟小朋友一起爬竹竿，我几乎爬不上去，全班的小朋友在底下喊：'老师加油！老师加油！'我终于爬上去了，这是我自己当学生的时候想做都做不到的事呢。"

　　这是一个多么快乐的好老师。而如果她因为薪水或是其他因素而违背了自己的愿望，选择做个翻译或者其他"更好"的工作，那她还会不会这么快乐呢？

　　每个人都在追求成功，那么你如何为"成功"下定义？很多人以为成功与否是由别人来评价的，实际上，你的成功与否只能由你自己做评判。绝对不要让其他人来定义你的成功，只有你能决定你要成为一个什么样的人、做什么样的事；只有你知道什么能使你满足、什么事令你有成就感。

　　我们生活在一个机会多多的年代，这些机会给了我们充分的选择自由，但同时也给我们带来了困惑。有很多人抱怨不知道自己真正喜欢做什么，造成这种局面的原因是他们多年来压抑了自己的愿望，忽略了自己的内在感受，他们总是急于模仿他人的成功方式，却忘记了真实的自我。

这些不了解自己的人是不可能做自己命运的舵手的。古语说："知人者智，知己者强。"如果你对自己该做什么非常清楚，你的愿望又极端明确，那么使你成功的条件很快就会出现。不过遗憾的是，对自己的愿望特别清楚的人并不是很多。我们需要清楚地了解自己的雄心壮志和愿望，并使它们在自己的内心逐渐明晰起来。

## 该干什么，不该干什么

一个人成年之后，要做出一生中最重要的一个决定。这个决定将影响自己的一生，影响自己的幸福感和健康。这个决定可能造就自己，也可能毁灭自己。这个重大决定是你打算从事什么工作？也就是说，你准备干什么，是做一名工人、邮递员、化学家、警察、办事员、兽医、大学教授，还是去做一个商人？

对有些人来说，做出这个重大决定通常就像在赌博一样。洛克菲勒曾说："如果一定要把人生比喻成一场赌博，那么你就应选择自己擅长的一种赌博方式。"

首先，如果可能的话，应尽量将"赌注"押在一个自己喜欢的工作之上。对数学有着"不可思议的天赋"的洛克菲勒，"最感兴趣的是算术"，他知道自己该干什么。美国轮胎制造商古里奇公司的董事长大卫·古里奇被问到他成功的第一要件是什么时，他回答："喜欢自己的工作。如果你喜欢自己所从事的工作，你工作的时间也许很长，但却丝毫不觉得是在工作，反倒像是在做游戏。"大发明家爱迪生也是一个很好的例子。这个未曾进过学校的报童，后来却使美国的工业革命完全改观。爱迪生几乎每天都在他的实验室里辛苦工作18个小时，在那里吃饭、睡觉，但他丝毫不以为苦。"我一生中从未做过一天'工作'，"他还宣称，"我每天其乐无穷。"所以他会取得别人羡慕的成功！查理·史兹韦伯说："每个从事他所无限热爱的工作的人，都能取得成功。"

也许有些年轻的朋友会说，刚步入社会，我对工作一点概念都没有，怎么能够对工作产生热爱呢？艾德娜·卡尔夫人曾为杜邦公司招聘过数千名员工，现为美国家庭产品公司的公关部副总经理，她说："我认为，世界上最大的悲剧就是那么多的年轻人从来没有发现他们真正想做些什么。我想，一个人如果只想从自己的工作中获得薪水，而别无他求，那真是最可怜的了。"有一些大学毕业生跑到卡尔夫人那儿说："我获得了某某大学的学士学位，还有某大学的硕士学位，你公司里有没有适合我的职位？"他们甚至不晓得自己能够做些什么，也不知道自己希望做些什么，当然也就得不到卡尔夫人的信任。难怪有那么多人在开始踏入社会时野心勃勃，充满玫瑰般的美梦，但到了四十多岁以后，却一事无成，痛苦沮丧，甚至精神崩溃。

事实上，选择正确的工作，对我们身心的健康也十分重要。美国一家大医院的雷蒙大夫与几家保险公司联合进行了一项调查，研究使人长寿的因素，他的调查结果把"合适的工作"排在了第一位。这正好符合了苏格兰哲学家卡莱尔的名言："祝福那些找到他们心爱的工作之人，他们已无须祈求其他的幸福了。"

美国成功学大师拿破仑·希尔曾和索可尼石油公司的人事经理、《求职的六大方法》一书作者保罗·波恩顿畅谈了一晚。拿破仑·希尔问保罗："今日的年轻人求职时，所犯的最大错误是什么？""他们不知道自己究竟想干些什么，"保罗说，"这真叫人万分惊骇。一个人花在选购一件穿几年就会破损的衣服上的心思，竟会比选择一份关系到将来命运的工作要多得多，而他将来的全部幸福和安宁都建立在这份工作上了。"面对竞争日益激烈的社会，我们该如何选择呢？我们可以咨询就业指导，当然他们只能提供建议，最后做出决定的还是你自己。

其实，多数人的忧虑、悔恨和沮丧，都是因为不重视工作而引起的。英国哲学家和经济学家约翰·斯图亚特·穆勒宣称，工人无法适应工作，是"社会最大的损失之一"。是的，世界上最不快乐的人，也就是憎恨自己日常工作的"产业工人"，这些人只是在为工作而工作，如同一部机器。

威康·孟宁吉博士是当代著名的精神病专家之一，他在第二次世界大战期间主持陆军精神病治疗部门。他说："我们在军中发现挑选和安置的重要性，就是要使适当的人去从事一项适当的工作……最重要的是，要使人相信他手头工作的重要性。当一个人没有工作兴趣时，他会觉得他是被安排在一个错误的职位上，他会觉得他不受欣赏和重视，他会相信他的才能被埋没了。在这种情况下，我们发现，他若没有患上精神病，也会埋下精神病的种子。"一个人如果轻视他的工作和事业，他也会被日常工作"折磨"到精神崩溃。

菲尔·约翰逊就是一个好例子。菲尔·约翰逊的父亲开了一家洗衣店，他把儿子叫到店中工作，希望儿子将来能接管这家洗衣店。但菲尔痛恨洗衣店的工作，所以懒懒散散的总提不起精神，只做些不得不做的工作，其他工作则一概不管。有时候，他干脆"缺席"。他父亲十分伤心，认为养了一个不求上进的儿子，使他在员工面前丢脸。

有一天，菲尔告诉他父亲，他希望做个机械工人——到一家机械厂去工作。一切又从头开始？这位老人十分惊讶。不过，菲尔还是坚持自己的意见。他穿上油腻的粗布工作服，从事比洗衣店更为辛苦的工作，工作的时间更长，但他竟然快乐得在工作中吹起口哨来。他选修工程学，研究引擎、装置机械。而当菲尔在1944年去世时，已是波音飞机公司的总裁，并且制造出号称"空中飞行堡垒"的重型轰炸机，帮助盟国军队赢得了第二次世界大战。如果他当年留在洗衣店不走，他和洗衣店——尤其是在他父亲死后——究竟会变成什么样子呢？他会把整个洗衣店毁了——破产，一无所有。

知道自己该干什么，还应该知道自己不该干什么。两者相辅相成，互为补充。

"当玫瑰含苞欲放时，必须剪掉它周围多余的花苞。"这是洛克菲勒在建立了强大的商业帝国时所说的一句话。他的话在为自己的"托拉斯"垄断辩解的同时也道出了人生智慧。

年轻人如果初入社会就能善用自己的精力，不让它消耗在一些毫无意义的事情上，那么就会少走弯路。但是，不少人却喜欢东学一点、西学一下，尽管忙碌了一生却往往没有培养出自己的专长，结果到头来什么事情也没做成，更谈不上有什么强项。

明智的人懂得把全部的精力集中在一件事上，唯有如此方能实现目标；明智的人也善于依靠不屈不挠的意志、百折不回的决心以及持之以恒的忍耐力，努力在激烈的生存竞争中去获得胜利。

那些有经验的花匠习惯把许多快要绽开的花蕾剪去，尽管这些花蕾同样可以开出美丽的花朵。但花匠们知道：剪去大部分花蕾后，可以使所有的养分都集中在余下的少数花蕾上，等到这少数花蕾绽开时，就可以成为那种罕见、珍贵、硕大无比的奇葩。

现代社会的竞争日趋激烈，我们必须对自己的人生目标全力以赴，这样才能取得出色的业绩。"君子有所为，有所不为"说的就是这么一个道理。

## 找到人生路上的指南针

有一个年轻记者问美国前总统罗斯福的夫人："尊敬的夫人，你能给那些渴求成功特别是那些刚刚走出校门的人一些建议吗？"

总统夫人谦虚地摇摇头，但她又接着说："不过，先生，你的提问倒令我想起我年轻时的一件事。那时，我在本宁顿学院念书，想边学习边找一份工作做，最好能在电信业找份工作，这样我还可以多修几个学分。我父亲便帮我联系，约好了去见他的一个朋友，也就是当时任美国无线电公司董事长的萨尔洛夫先生。

"等我单独见到了萨尔洛夫先生时，他便直截了当地问我想找什么样的工作、具体哪一个工种。我想：他手下的公司任何工种都让我喜欢，无所谓选不选了。便对他说，随便哪份工作都行！

"只见萨尔洛夫先生停下手中忙碌的工作，眼光注视着我，严肃地说，年轻人，世上没有一类工作叫'随便'，成功道路的终点是目标！"

表现杰出的人士都是遵循着这样一条不变的途径以达到成功，世界闻名的潜能激发大师——美国的安东尼·罗宾先生称这条途径为"必定成功公式"。这条公式的第一步是要知道你所追求的，也就是要有明确的目标。第二步就是要知道该怎么去做，否则你只是在做梦。应该立即采取的措施，就是寻找出最有可能实现目标的做法。

如果你仔细留意每一位成功者的做法，就会发现他们大都是遵循这些步骤去做的。一开始先制定目标，否则不可能一发即中；然后采取行动，因为坐着等是不行的；接着是拥有分析和判断能力，知道反馈信息的性质；然后不断地修正、调整、改变不切实际的做法，直到有效为止。

伯尼·马科斯是美国新泽西州一个贫穷的俄罗斯裔移民的儿子。

亚瑟·布兰克则是生长在纽约的中下层街区，在那儿，他曾与不良少年为伍。当他15岁时，父亲去世。布兰克说："在我的成长过程中，我一直确信生活不是一帆风顺的。"

布兰克和马科斯在洛杉矶一家电脑硬件零售店工作没多久，

就被新来的老板解雇了。第二天，一位从事商业投资的朋友建议他们自己办公司。马科斯说："一旦我不再沉浸在痛苦中，我便发现这个主意并不是妄想。"

现在，马科斯和布兰克经营的家庭库房设备，其销售额在美国迅猛发展的家用设备行业中处于领先地位。马科斯说："当你绝望时，你有人生目标吗？我问了55位成功的企业家，40位都确切地回答：有！"

必须有目标，为自己的目标而努力。辛勤工作并不表示你真正投入工作了。就好比同样是砌砖墙，有的人默默埋头苦干，觉得工作很无聊，但还是认命地做下去；有的人一面砌墙，一面想象这座墙砌成后的面貌，上面也许会爬满牵牛花，孩子们也许会趴在墙头上看风景，等等。他在努力砌墙的同时，实际上已经看到了自己努力的成果。

前一个砌墙人虽然卖力，其实跟牛马差不多，在既有的工作上打转，生活对他而言是一种磨难。后者却能陶醉在工作中，同时他很可能一面工作、一面思考改善，因此技术会不断进步，工作不仅不让他觉得无聊，还让他有机会成为这一行的高手。

还有一个例子，一个叫姓秦的空中小姐，很喜欢环游世界。另一个空中小姐宝玲也一样，但她还希望有自己的事业，最好与旅游有关。宝玲每到一个地方，就不停地记下她经历过的一切，尤其是当地的旅馆及餐厅状况，并不时把自己的经验提供给乘客。

终于，宝玲被调到旅游团队接待部门，因为她就像一本活百科全书，掌握的旅游知识非常丰富。她在那个部门如鱼得水，更掌握了世界各大城市的旅游动态。几年之后，她已拥有了一家自己的旅行社。

　　而秦小姐呢？她还是一个空中小姐，尽管还是努力工作，但显然并没有什么升迁的机会，唯一能改变现状的，大概只有结婚。事实上，秦小姐和宝玲一样卖力工作，但秦小姐没有目标，只是随着飞机到世界各地工作，却又不把工作看作是发展自己潜力的活动。因此，没有特定目标的人，往往终身在原地打转。

　　如果你知道自己的目标，并且能完全投入，所有的机会都会蜂拥而来。人都有惰性，即使一心想成功的人，一样有提不起劲的时候，不过只要你承认这一点，并坚持不向惰性屈服，你的成功便指日可待。

　　我们周围许多人似乎都明白自己在人生中应该做些什么事，可就是迟迟不拿出行动来，根本原因乃是他们欠缺一些能够吸引他们的未来目标。若你就是其中之一，那么，从现在开始就应该去学会怎么挖掘出从未想到的机会，进而拿出行动，以实现那些从来不敢想的梦。


## 从容布局好你的人生


　　一般来说，下围棋都要经历三个阶段——布局、中盘、收官。在黑与白的对垒中，充满着人生的大智慧。若将人生也比作下棋，可谓非常贴切。人生"布局"不好，进入"中盘"的"搏杀"阶段就会很困难。

人生的布局在你明确了人生的方向与目标后，就要立即开始着手。你应该好好思考，为了达成目标，自己的知识和能力有哪些方面需要补缺？需要向外界寻求哪些帮助？这些帮助如何获得？

一个有志当企业家的平凡青年，他在布局阶段应该学习企业经营管理的相关知识，从书本上、从实际工作中，从名人的访谈中……为自己将来创业做一些个人能力的准备。同时，他还应该留心市场的变化，保持自己对于市场的敏锐感觉。此外，还应该有意识地接近一些有投资能力的人，为自己将来创业资金的短缺预留后路。他要做的事情远不止这些，例如努力攒钱作为将来创业的启动资金等。总之，他要根据自己的目标，加长自己的"短板"。

美国著名成功学家拿破仑·希尔在研究全美数百个成功人士后，得出了一个结论：那些看似一夜成名的人，其实在成名之前就为成名默默地准备好了一切。拿破仑所谓的"默默准备"，就是笔者所说的人生布局。人生布局的时间有时会很漫长，而且在当时看不到多少明显的效用与成绩，因此有不少人会忽略这个步骤。但一项能够称得上成功的事业，又岂能一蹴而就。

布好了局的人生，就如同对猎物完成包围的狩猎，可以大显身手，把一切做得圆满。

## 为了梦想，积聚能力

实现梦想需要些什么，你的计划会告诉你，因此就要行动去获得这些条件。不同的目标需要不同的知识及技术做支持，知识是利器，欠缺知识就不能有所发挥。无论从事哪个行业，都要具备专业知识，商人需要商业知识，管理人士要懂得管理。事实上，情况往往不止这样简单，要成功，常常要把不同的行业知识糅合起来。

例如大企业领导人，一方面要善于管理，另一方面又要对自己企业经营的行业深入了解，甚至是当中的专才。

掌握了基本必备的知识及技术之后，便要在相关的行业中磨炼，吸取经验。同时要把握一切出现在眼前的机会。你并不想长期坐在固定的工作岗位上，因为一个工作岗位给你的视野未必开阔，就算开阔亦有限度，到了某一个阶段就要突破，就要跳出来，转到另一个更佳的岗位上。在那个岗位上掌握了应学的知识以后，又要再转换。

应该学习一些你需要的知识，使你能够顺利地实现你的计划。例如：你若想当一个出色的医生，你不能想当就当，你至少要进入医学院修读，入读医学院需要在中学阶段学好某些理科课程，你必须按顺序去完成，并使成绩达到优秀。然后在医学院内进行艰苦的学习、实习，再正式为病人服务，这期间仍须努力进修，继续吸收专业知识，直至获取高级医师的资格。

此后，就要把握任何一个医治疑难病人的机会，积累经验，尽量利用现有的可获得的知识与技术，等到知识和经验都非常丰富了，就可以考虑从事研究工作，或是自己挂牌行医。

对谁来说，这都是一个漫长的过程，而且，不论将来从事哪一种职业，所完成的目标可能都差不多，均要由具备专业知识做起，所以，能越早订出明确的目标，也就可越早产生周详的计划，越有利于及早达到目标。

# 规划人生的六个经典问题

问题一：

如果你家附近有一家餐厅，东西又贵又难吃，甚至桌上还爬着蟑螂，你会因为它很近很方便，就一而再、再而三地光临吗？

你一定会回答：这个问题还需要问吗？谁会那么笨，花钱买罪受？

可同样的情况换个场合，自己或许就做了类似的蠢事。我们身边不知有多少人非常痛恨着自己目前的工作，认为自己的工作又辛苦又无趣、薪水还那么低（和前面所说的餐厅描叙多么相似），但仍"坚持"在自己的工作岗位上！

是工作错了还是你错了？这是一个问题。但不管是谁错了，你都要改变，要么改变工作，要么改变自己。

问题二：

如果你不小心丢掉100块钱，只知道它好像丢在某个你走过的地方，你会花200块钱的车费去把那100块钱找回来吗？

你可能会回答：又是一个愚蠢的问题，我甚至没有回答的兴趣。

可是，相似的事情却仍在不少人身上不断地发生。因为遭受了一点打击，便颓废，或和打击自己的人生气发火乃至动粗，最终令自己损失更多。这些行为和为了找回丢失的 100 块钱而损失 200 块钱又有什么区别？

问题三：

你会因为打开报纸发现每天都有车祸，就不敢出门吗？

相信所有人的回答是：当然不会，那叫因噎废食。

然而，有不少人却曾说：现在的离婚率那么高，让我都不敢谈恋爱了。说得还挺理所当然。无论你做什么事，总会多少有些风险的。所谓乐观，就是得相信：虽然道路多艰险，但只要我小心一点，我就是那个平安过马路的人。

问题四：

你相信每个人随便都可以干一番事业吗？

回答：当然不会相信。

不论是谁，成功来得都不容易，我们当中很多人之所以没有实现梦想，大多是因为被挫折打败了。成功人士感谢挫折，正因为有挫折的存在，才给了他们克服挫折、出类拔萃的机会。如果世界上没有了挫折，他们永远只是和众人一样默默无闻。

问题五：

你认为完全没有打过篮球的人，可以当个很好的篮球教练吗？

回答：当然不可能，外行不可能领导内行。

可是，有许多人，对某个行业完全不了解，只听说那个行业好赚钱，就心里痒痒的，跃跃欲试。我看过对穿着没有任何品位或根本不在乎穿着的人，却梦想着开一家时装店；不知道广告业深浅的人，居然开起了广告公司。结果行事无章法，遇到困难因为专业知识的素养不足就手足无措，一个很小的石头拦路就毁了自己所谓的事业。当然，有人会说，我做投资者呀，请懂得这事的人做我的教练。当甩手掌柜当然好，但你如果只是一个小的投资者，无法建立一套健全的公司营运模式，"职业经理人"也未必那么靠得住。

**问题六：**

你的时间无限，长生不老，所以最想做的事，应该无限延期？

回答：不，傻瓜才会这样认为。

然而我们却常说，等我老了，要去环游世界；等我退休了，就去做想做的事情；等孩子长大了，我就可以……

我们都以为自己有无限的时间与精力。其实我们可以一步一步实现理想，不必在等待中徒耗生命。如果现在就能一步一步努力接近，我们就不会活了半生，却出现自己最不想看到的结局。

# 第三章  能吃多少苦，能享多大福

即使水果成熟前，味道也是苦的。不经过霜打的柿子，不会变得绵软可口。

年轻人的成就，常常都是从血汗、辛苦、委屈、忍耐、受苦中，点滴累积而成。人生的大成就，往往是以大苦难作为前奏的。只有经历熔炼和磨难，愿望才会激发，视野才会开阔，灵魂才会升华，人生才会走向成功。一个人如果能吃常人不能吃的苦，必然能做常人不能做的事。从这个意义上来说，能吃多大苦，能享多大福。

# 天下没有白吃的午餐

许多年前，一位聪明的老国王召集了聪明的大臣，给他们一个任务："我要你们编一本《古今智慧录》，将世界上最聪明的思想留给子孙。"这些聪明的大臣离开国王以后，工作了很长一段的时间，最后完成了一本洋洋洒洒12卷的巨作。

国王看了说："各位先生，我相信这是古今智慧的结晶，然而，它太厚了，我怕人们读不完。把它浓缩一下吧!"这些聪明的大臣又进行了长期的努力工作，几经删改，变成了一卷书。

然而，国王还是认为太长了，又命令他们再浓缩。结果这些聪明人把一本书浓缩为一章，然后缩为一页，再变为一段，最后则变为一句。聪明的国王看到这句话，显得很满意。

"各位先生，"国王说，"这真是古今智慧的结晶，我们全国各地的人一旦知道了这个真理，我们大部分的问题就可以解决了。"

这句最聪明的话是什么？你知道吗？

——天下没有白吃的午餐。如果人们知道出人头地，要以努力工作为代价，大部分人就会有所成就，同时也将使这个世界变得更美好。而白吃午餐的人，迟早会连本带利付出代价。

有一个农户，圈养了几头猪。一天，主人忘记关圈门，便给了那几头猪逃跑的机会。经过几代以后，这些猪变得越来越凶悍以至于开始威胁经过那里的行人。几位经验丰富的猎人闻听此事，很想为民除害捕获它们。但是，当这些猪开始要靠自己去获取生存后，就逐渐变得聪明了。猪很狡猾，没有给猎人捕获的机会。

有一天，一个老猎手走进了村庄，声称自己可以帮乡民们抓野猪。乡民一开始不相信。但是，两个月以后，老人回来告诉那个村子的村民，野猪已被他关在山顶上的围栏里了。

村民们很惊讶，问那个老人："是吗？真不可思议，你是怎么抓住它们的？"

老人解释说："第一天，我找到野猪经常出没的地方，在空地上放了一些新鲜的玉米，那些猪起初吓了一跳，最后还是好奇地跑过来，闻鲜玉米的味道。很快一头老野猪吃了第一口，其他野猪也跟着吃起来。这时我知道，我肯定能抓到它们了。

"第二天，我又多加了一点粮食，并在几尺远的地方竖起一块木板。那块木板像幽灵般暂时吓退了它们，但是那白吃的午餐很有诱惑力，所以不久它们又跑回来继续大吃起来。当时野猪并不知道它们已经是我的了。此后我要做的只是每天在粮食周围多竖起几块木板，直到我的陷阱完成为止。

"然后，我挖了一个坑立起了第一根角桩。每次我加进一些东西，它们就会远离一些时间，但最后都会再来吃免费的午餐。围栏造好了，陷阱的门也准备好了，而不劳而获的习惯使它们毫无顾虑地走进围栏。这时我就出其不意地收起陷阱，那些白吃午餐的猪就被我轻而易举地抓到了。"

年轻人一旦变成上面这个故事中的"猪"一样贪恋免费的午餐，很快就会变成陷阱中的"猪"。很多人都知道天下没有白吃的午餐，但是大多数人依然在期待着快速致富的捷径；都明白努力才能有成果，但是却不愿体验辛苦的过程。虽然一分耕耘并不意味就一定会有一分收获，但没有耕耘一定是没有收获的。

## 富贵苦中求，吃苦即吃补

有道是"富贵险中求"，大意是要想出人头地，非得勇于冒险才行。这话当然有一定道理，不过不单富贵险中求，很多灾祸也是险中求。相对来说，"富贵苦中求"更加客观。人生吃苦就是吃补、是补意志、补知识、补才能、补道德、补灵魂。

曾经出任电影《菊豆》《秋菊打官司》编剧的作家刘恒，在谈到张艺谋时说："我认为他有两点非常值得年轻人学习，大局观和刻苦精神。"刘恒说，老谋子心里时时装着电影，他认为自己不一定是中国最好的导演，但一定是最勤奋的导演。张艺谋做事总是要求尽量完美，非常踏实认真，今天取得的成功正是他多年坚持不懈的成果。而且，这些成功并不是靠这靠那，完全是他自己拼出来的，这非常让人钦佩。

在执导《我的父亲母亲》时，为了拍摄女主角站在大雪中苦等的一段戏，张艺谋忍受着高烧在坝上苦等老天下雪。这样坚持一周，才终于等来了一场大雪。他为了选一个合适的老年母亲形象，几乎跑遍了整个延庆地区，先是选了个六十多岁的老太太送中央戏剧学院培训，后来不理想又只得重选了一位刚失去丈夫的老太太，由于演出情真意切给影片增彩不少。

早在担任《黄土地》的摄像时，张艺谋为了找到"黄色山岭上的一条白色小路"，扛着摄像机四处苦寻，好不容易找到一个黄色山岭，与自己想象中十分契合，也有一条小路，可那条小路是灰的，不是白的。为了让小路变白，他和导演陈凯歌率领整个剧组在那条灰色小路上来回地走动，硬是将那条"理想中的白色小路"给踩出来了。

在独立执导自己的处女作《红高粱》时，张艺谋曾和莫言一起来到山东，到处联系老乡在高密的胶河两岸种上了大片的高粱。到了 1987 年 7 月，高粱应该抽穗了，张艺谋再去看，发现叶子蔫蔫的，根本没有他想象中的火红。他问原因，老乡告诉他，因为今年缺雨，高粱严重发育不良，众人只是挑水抗旱，而高粱面积太大根本顾不过来。张艺谋立即和莫言一道想办法，东奔西忙，联系化肥、抽水机，组织人施肥，安排抽水灌溉。烈日下的辛苦，换回了高粱的茂盛与生机，给影片提供了一片绝佳的场景。

一个又一个的苦，被张艺谋吃下，化为成功路上的营养。餐桌上的苦瓜有很多人喜欢吃，人生中的苦难却没有人愿意尝。但不愿意并不等于你可以免遭苦难的造访。谁的人生一帆风顺？

松柏必须受得了霜寒，才能常青；寒梅必须经得起冰雪，才能吐露芬芳。生命在苦难中茁壮，思想在苦难中成熟，意志苦难中坚强。古今中外许多有成就的人都曾得益于清贫和苦难的磨炼。佛陀 6 年苦行；达摩的 9 年苦苦面壁；王宝钏经过 18 年苦守寒窑，才能为人记忆；苏秦悬梁刺股苦学有成，才能纵横六国。勾践尝过了夫差粪便之苦，方有后来的奋发图强……凡此种种，不胜枚举。可见，吃苦是人生路上的一个槛，迈得过去，你就成为命运的主人、人生的强者；不敢迈或迈不过去，你就成了命运的奴隶、人生的懦夫。安徒生总结自己一生的经验是："一个必须经过一番刻苦奋斗的生活才会有些成就。"

有时候，我们吃苦是环境所逼，不得不吃。除此之外，我们还应该主动找点苦吃。没人干的苦活、挑的重担，你来上。"宝剑锋从磨砺出，梅花香自苦寒来"，吃苦不单可以增进自己的能力，还能磨炼自己的意志。从这个角度来看，吃苦其实就是吃补。可以补意志、补知识、补才能、补道德、补灵魂。

张爱玲说：成名要趁早。谁不想趁早呢？只是，天下有几人如张爱玲一样占据天时地利人和——既有天分，又出身名门？因此，对于我们这些小人物来说，与其天天叫嚣与梦想着"成名要趁早"，不如身体力行"吃苦要趁早"。趁自己年轻，有强健的身心来承受苦与难，趁早把自己投身进苦难的大学，以免将来无力承受苦难时，在苦难中终老一生。


## 超越苦难，屡败屡战


前美国副总统亨利·威尔逊出生在一个贫困的家庭里。当他还在摇篮里时，贫穷就已经露出了狰狞的面孔。他深深地体会到，当他向母亲要一片面包而她手中什么也没有时是什么样的滋味。

他在 10 岁时就离开了家，当了 11 年的学徒工，每年可以接受一个月的学校教育，最后，在 11 年的艰辛工作之后，他得到了一头牛和六只绵羊的报酬。他把它们换成了 84 美元。从出生一直到 21 岁那年为止，他从来没有在娱乐上花过一个美元，每一个美元都是经过精心算计的。他完全知道拖着疲惫的脚步在漫无尽头的盘山路上行走是一种怎样的痛苦感觉……

在这样的穷途困境中，威尔逊先生下定决心，不让任何一个发展自我、提升自我的机会溜走。很少有人能像他一样深刻地理解闲暇时光的价值。他像抓住黄金一样紧紧地抓住了零星的时间，不让一分一秒的时间无所作为地从指缝间流走。

在他 21 岁之前，他已经设法读了 1000 本好书——想一想看，对一个农场里的孩子来说，这是多么艰巨的任务啊！在离开农场之后，他徒步到 100 英里之外的马萨诸塞州的内蒂克去学习皮匠。他风尘仆仆地经过了波士顿，在那里他可以看见邦克·希尔纪念碑和其他历史名胜。整个旅行只花费了他一美元六美分。一年之后，他已经在内蒂克的一个辩论俱乐部脱颖而出，成为其中的佼佼者了。后来，他在州议会发表了著名的反对奴隶制度的演说，此时，他来到马萨诸塞州还不到 8 年。12 年之后，这位曾经的农场穷小子终于凭借着多年来自己不懈的努力，熬出了头，进入了国会。

美国第 16 任总统亚伯拉罕·林肯（1809—1865），是美国最伟大的总统之一，是一个从种种不幸、苦难中走出来的坚强的人。从一个农民成长为一个总统，林肯付出了常人难以想象的代价……但是他从未停止前进，他以自己独特的领导方式，保全了美国，解放了黑奴，成为美国最伟大的总统之一。有人曾为林肯做过统计，说他一生只成功过三次，但失败过35次，不过第三次成功使他当上了美国总统。事实也的确如此。而最终使他得到命运的第三次垂青，或者说争取到第三次成功的，完全是他的坚强。在他竞选参议员落选的时候，他就说过："此路艰辛而泥泞，我一只脚滑了一下，另一只脚因而站不稳。但我缓口气，告诉自己，这不过是滑一跤，并不是死去而爬不起来。"

不停地超越苦难，在屡败之后还能屡战的人，是值得我们尊敬的人。谈到"屡败屡战"这一句话，怎么也绕不过晚清的曾国藩。这个进士出身的文人，于1852年奉命回乡办团练，团练初具规模后的前几年，他唯一做得成功的事就是只打败仗。从1854年练成水陆师出征，到1860年兵败羊栈岭，曾国藩可谓一败再败，小的败仗不计其数，大的惨败就有四场：1854年湘军初征就在岳州被太平军打得落花流水；1855年在江西鄱阳湖全军覆灭，连自己的座船也被抢走；1858年，部将李续宾率部血战三河镇，6000兵勇无一生还，三湘大地处处缟素；1860年，李秀成破羊栈岭，曾国藩在60里外的大营中写好遗书、帐悬佩刀，以求一死，好在李秀成主动退兵。

就像凤凰从烈火中涅槃，这个被满族大臣们讥笑为"屡战屡败"的常败将军曾国藩，最终用他"屡败屡战"的勇气与决绝，打到南京，用行动证明了自己是一个强者。

能不费多大曲折就能成功的事，算不上大事。举凡强者，必有异于常人之大事业。而世间能称之为大事的事，岂可轻而易举！

好事多磨，不经过九曲十八弯，没有"屡败屡战"的勇毅，几乎没有可能成为强者。

## 为自己拼出几枚"勋章"

军人，尤其是将军，在穿上正式的礼服时，都会在胸前佩戴各式各样大大小小的勋章，让人看得眼花缭乱。当他们在重要的场合一字排开时，非常壮观，也令人羡慕。

他们为什么要佩戴勋章？说好听一点是礼貌，说实在一点是享受荣耀。只有立功才有勋章可得，立功越多，勋章也就越多，立功越大，勋章的等级也就越高。所以光看胸前的勋章，你就可以知道这个人的身份和地位，而这个人自然会受到他人的尊敬和礼遇。

我们不是军人、警官，但照样可以拿"勋章"，为自己建立地位与身份，让别人识别自己、尊敬自己、礼遇自己！

这里所谓的"勋章"是指工作上的成就或贡献，虽然这不能像勋章那样挂在胸前炫耀，让所有的人都看得到，但在同事之间，你的成就或贡献他们都知道，因此也带有"勋章"的意义。

作为一个军人，为国家流血流汗是他的本分与天职，因此只有战功赫赫才够格得到勋章。同理，你把例行工作做好不稀奇，因为这本来就是你该做的。必须有特殊的表现，也就是做出别人做不到、不敢做，或还没做，但被你抢先一步做，对整体有贡献的事，这才够格拿"勋章"。这些事一般来说有下列数种：

——比别人高的业绩。如果你是业务人员，你那让其他人"可望不可即"的业绩就是"勋章"。

——解决重大的问题。无论是老问题或新问题、行政问题或财务问题，如果你能解决别人不能解决的问题，你的功劳就是"勋章"。

——赚大钱的发明或设计。如果你是公司的研发、设计部门的人员，你研发出来的产品让公司赚大钱，那么你的成绩就是"勋章"！

——增加所属单位的荣誉。例如你的贡献得到政府或民间单位的奖项，你的单位因你而增光，那么你的得奖就是你的"勋章"！

如果你能得到上述的"勋章"，那么你在你的团体里自然会有一定的地位，别人绝对不敢看轻你，连上司也都要敬你三分，甚至也可容忍、原谅你在其他方面的瑕疵。当然，若因得了"勋章"就得意忘形、目中无人，那就不好了，就算你是得"勋章"的能手，这一点也是必须注意的。

那么，该如何去得"勋章"呢？

军人要立功拿勋章需要勇气、决心、智慧和机遇——当然也可能有"糊涂小兵立大功"的情形，但不多。同样，在工作上要拿"勋章"也需要勇气、决心和智慧，其中尤其勇气和决心最重要。也就是说，如果你有心去做，并辅以你的智慧，那么就有可能有一番成就。当然这个过程可能会充满挫折，好比立功的士兵往往都伤痕累累那般，但只要熬得过、经得起，经验、见识就会一天天丰富，自然也就造就了拿"勋章"的条件和机会。

在这里还要强调一点，拿了"勋章"，不只在你的团体里你会得到尊敬，更可能在团体外的同行之间为人所知，成为你的标志和形象，这是你日后行走异乡很好的本钱；而且，这"勋章"会跟你很长一段时间。但是要注意，时间久了，人们会渐渐忘记你的"勋章"，所以一次又一次地创造功绩，配上一枚又一枚的"勋章"也就成为你的挑战了。

# 痛，并快乐着

生命之中没有疼痛，真的是一种美妙的生活方式吗？其实不然。英国科学家从天生没有疼痛感觉的小孩身上找到了控制疼痛的基因，这对研发更为有效的止痛药可能起着至关重要的作用。

在《自然》杂志中，剑桥大学的研究者对六个感觉不到物理疼痛小孩的状况进行了介绍。他们是由于遇到了某种十分罕见的紊乱而失去痛觉的，分别来自巴基斯坦北部的三个家庭。他们的经历告诉我们，感觉不到疼痛其实并不见得是件好事，恰恰相反，人体能感觉到疼痛，是一种防御机制，是身体对疼痛、疾病或危险发出的一种警示信号，是身体为了防止危险升级而采取的必要保护措施。试想，如果人体没有疼痛机制，结果会如何呢？

报告显示，结果非常危险。这六个小孩由于感觉不到自己咬自己的疼痛，结果他们的嘴唇都不同程度地受到了伤害，一些需要做整形手术，还有两个甚至失去了三分之一的舌头。他们多数都经历过骨折或骨头感染，而这些只有在他们跛着脚走或不能运动之后才会被发现。其中有一个男孩，因为感觉不到疼痛而无所畏惧，从房顶上跳下来时摔死了，而那天正好是他14岁的生日。

所以，当你感到疼痛的时候，别伤心难过，而应该感到幸福、感到庆幸，因为你还能感知到疼痛，这说明你的身体还健康，你还活着呢。

物理上的疼痛如此，精神上的疼痛又何尝不是如此？

疼痛是上帝赋予人类的一份厚礼，它随时在提醒我们如何去避免伤害。疼痛不同于其他知觉，它从不敢懈怠，只要根源未除，它就会耐心地、不知疲倦地向我们申诉。学会倾听感受我们的疼痛吧，那是来自体内最古老朴实的语言，它在让我们感受生命沉重的同时，还让我们知道怎样去珍惜爱怜生命。

疼痛是一种最私人的感受，丧失身体的痛感，就相当于丧失了身体的自卫能力。那么，心灵感到疼痛呢？

心痛也很好。就像林清玄在文章中说的："心痛也很好，证明我养在心里的金鱼，依然活着。"正是一颗敏感细腻的心灵，才使我们拥有对周围世界的丰富感触，我们为爱而欣喜若狂，为恨而锥心痛骨，为苦难而有十指连心般的剧痛。当心灵因麻木而冷漠时，我们不再心痛，但我们也失去了体会幸福的能力。

齐秦的歌中有一句流传很广的歌词：痛并快乐着。央视知名主持人白岩松写自传时，用这五个字做书名。白岩松认为：在人的一生中，幸福和痛苦都只占5%，余下的就是平淡的生活。"因为我在追逐幸福，所以不免触碰痛苦。"白岩松说。

"痛并快乐着"并不是一种阿 Q 精神的再现，它是一种乐观的世界观，是我们对生活的一种基本态度。快乐和痛苦相伴而生，没有一种快乐不是在相伴着巨大的痛苦之后而产生。我们对一直拥有的东西不会觉得珍贵，但一旦失去后再重新拥有，那份快乐无与伦比。这是一条朴实的真理，它向我们昭示，单向度的快乐是生命中不可承受之轻。但现代文明中的人类却迷恋于这种生命中不可承受之轻，对单向度的快乐乐此不疲。

有人对"痛并快乐着"做过一种最形象的诠释，那就是"分娩"。分娩，是用"痛并快乐着"——简称"痛快"。

向生命致敬！

# 最大的敌人是自己

据说有科学家曾经做过一个实验：往一个玻璃杯里放进一只跳蚤，发现跳蚤立即轻易地跳了出来。重复几遍，结果还是一样。接下来实验者再次把这只跳蚤放进杯子里，不过这次是立即同时在杯上加一个透明的玻璃盖，"嘣"的一声，跳蚤重重地撞在玻璃盖上。跳蚤虽然遇到了阻碍，但是它不会停下来，因为跳蚤的生活方式就是"跳"。随着一次次被撞，跳蚤开始变得聪明起来了，它开始根据盖子的高度来调整自己所跳的高度。再一阵子以后，发现这只跳蚤再也没有撞击到这个盖子，而是在盖子下面自由地跳动。一天后，实验者开始把盖子轻轻拿掉，跳蚤不知道盖子已经去掉了，它还是在原来的那个高度继续地跳。

三天以后，他发现那只跳蚤还在那里跳。一周以后发现，这只可怜的跳蚤还在这个玻璃杯里不停地跳着——其实它已经无法跳出这个玻璃杯了。

现实生活中，是否有许多人也在过着这样的"跳蚤人生"？年少时意气风发，屡屡去尝试，但是往往事与愿违，屡屡失败。几次失败以后，他们便开始不是抱怨这个世界的不公平，就是怀疑自己的能力，他们不是不惜一切代价去追求成功，而是一再地降低成功的标准——即使原有的限制已取消。就像跳蚤的"玻璃盖"，虽然已被取掉，但它们早已经被撞怕了，不敢再跳，或者已习惯了，不想再跳了。

打击不可怕，可怕的是一再的打击让人心生恐惧。屡败屡战说来容易，做来却难，连以屡败屡战而扬名立万的曾国藩，也在几次失败后试图寻死。人有些时候也是这样，在历经挫折后，意志消沉，不敢再尝试跨越障碍。他们心里面默认了一个"高度"。"心里高度"是人无法取得伟大成就的根本原因之一。

我要不要跳？能不能跳过这个高度？我能不能成功？能有多大的成功？这一切问题都取决于自我设限和自我暗示！一个人在自己生活经历和社会遭遇中，如何认识自我，在心里如何描绘自我形象，也就是你认为自己是个什么样的人，成功或是失败的人，勇敢或是懦弱的人，将在很大程度上决定自己的命运。你可能渺小，也可能伟大，这都取决于你对自己的认识和评价，取决于你的心理态度如何，取决于你能否靠自己去奋斗。

很多事情，并不是自己被别人打败了，而是自己被自己的失败心理打败了！

人生最大的挑战就是挑战自己。有位作家说得好："自己把自己说服了，是一种理智的胜利；自己被自己感动了，是一种心灵的升华；自己把自己征服了，是一种人生的成熟。大凡说服了、感动了、征服了自己的人，就有力量征服一切挫折、痛苦和不幸。"

勇敢地挺起胸膛，去接受那些我们所不能改变的，去改变那些我们所不能接受的。所有磨难，必将成为我们成功之后最为骄傲的勋章！

# 第四章  主动选择，敢于取舍

如果说冥冥之中真的有掌管每一个人命运的神灵，那么这个神灵所能主宰人的，仅仅是人的出身，其他一切皆是由人来主宰。人靠什么来主宰自身的命运呢？

——选择。无数的选择积累在一起，就构成了人的命运。

# 一连串的选择组成了命运

人的一生，是一连串选择的过程；人的今天，是往昔一连串选择累积的结果。一个选择对了，又一个选择对了，不断地做出正确的选择，到最后便产生了成功的结果。反之，一个或多个错误的选择，到最后便产生了失败的结果。当然，人在幼年时，基本上是由监护人来代替行使选择权的。随着人年龄的增长，选择权才逐渐转向自己。

我们的人生只有三天：昨天、今天和明天。昨天的选择，决定了我们的今天；今天的选择，决定了我们的明天。昨天已经过去，昨天的选择无法更改，今天的选择却在我们的手里，今天我们的选择对了，就会有好运伴随，就会有一个美好的明天。

人生旅途中的一步步跨越，就是一连串选择的结果。无数的选择积累在一起时，就构成了一个人的命运。这样看来，每个人都是自己命运的编剧、导演和主角，我们有权利把自己的人生之戏编排得波澜壮阔、华彩四溢，也有责任把自己的人生之戏导演得扣人心弦，更有义务把自己的人生之戏演绎得与众不同、卓尔不凡。我们拥有这伟大的权利——选择的权利。

用选择来开始我们的每一天，这样我们才能过个明明白白而非昏昏沉沉的一天。诚如亨利·沃德·比彻说的："上帝并没有问我们要不要来到人世间，我们只能接受而无从选择。我们唯一可以做的选择是——决定如何活着。"

每个人都拥有潜力追求更高的成功，都有能力在自我发展及自我成就上突飞猛进，而认识选择并做出正确的选择，就是这一切的起点。

不论人们明不明白，如果我们自己觉得只能庸庸碌碌、随波逐流，这都是选择的结果：选择接受要来的事、选择让它发生、选择为安定而牺牲理想、选择让别人为自己来打算、选择仅仅日复一日地活着……

通常，我们脑海中都有个错误的印象，认为人生是笼罩在一团巨大的必须之下：人必须念书、必须工作、必须诚实、必须整洁、必须守法、必须成功、必须做许多其他的事，等等。事实上，没有任何人必须去做任何事；而是你自己选择"要"而且最好是"一定要"做你想做的事。

帕斯捷尔纳克说得好："人乃为活而生，非为生而生。"

我们拥有比我们想象更多的选择，关键在于：要知道每一天我们都在做出抉择。

人们常常会找出一堆借口来解释自己为何放弃选择的权利，譬如：钱不够、没有时间、情况不对、运气很差、天气不好、太疲倦、情绪不佳等。

许多人像动物般被环境制约着而不自知，这就仿佛一个人被关在某处，口袋里虽有钥匙，却不会用钥匙开门，因为他不知道口袋里放着钥匙。

上天赋予人类除了跟动植物一样的生命和适应环境以求生存的本能外，还多给了人类一把万能的钥匙：运用智慧来选择行动的自由。只有人类可以无中生有、创造发明、主宰万物而号称为万物之灵。

古代先哲老子也教我们重视做人的权利，他强调："道大，天大，地大，人亦大，域中有四大，而人居其一焉。"

可以这么认为，万物之灵的"灵"及天赋人权的"权"，都是指人类有别于其他生物可以自由选择的莫大潜能。

由此可见，我们并不是依靠时、势、机、缘、命、运而活，而是依靠抉择而活。如同潜能激励大师安东尼·罗宾所说："人生注定于你做出决定的那一刻。"

人生中发生了什么事情，通常并不是成功与否的关键，你选择怎么看、你选择怎么想、你选择怎么做才是最重要的。

小莉和许多20岁的男孩女孩一样，对自己未来的方向十分疑虑。小莉是个来自农村的花季少女，白天在某公司打工，老板和同事们都对她不错，但她得为自己的生涯抉择：她想上大学。但以目前状况来说，她得利用白天上补习班，可是老板表明了"少不了她这么一个人"，不希望她辞职，而她也舍不得这份薪水，所以她陷入了"非常巨大的痛苦"之中。

你也许会觉得好笑，听起来没有"非常巨大的痛苦"啊。和我的反应一样，你会觉得，她总要做选择，一切都是可以解决的。你若是成年人，必然会想象像我一样告诉她：尊重你的人生决定，任何公司少了谁，都像地球一样，不会停止运转。但我们都不是真正的当事人，所以才可以说得如此轻松。

我们常因为那些在别人看来"实在没什么大不了的事"而陷入非常巨大的痛苦中，这么个小小的选择与决定常使我们肝肠寸断。

陷入混乱和痛苦无法避免，然而，一个对命运的乐观者，会比悲观的人早一点做出决定，并能早点跳出混乱的旋涡。

这究竟是谁的人生？当自己多方考虑觉得各有利弊而无法选择时，当周围的人众说纷纭而左右自己的决定时，你应该先做一下深呼吸，问自己这个问题，然后，拨云见日，未来的路就在脚下，正在和自己打招呼。不妨这样去思考：我做过许许多多没人看好的选择，只因为这是我的人生，我觉得这样对我比较好。

"该怎么办？问问你自己吧，你想怎么样呢？"对于身陷困惑的人来说，我们唯一有用的帮助，是请他们为自己找出适用的答案。连自己意愿都搞不清楚的人，别人的任何帮忙，其实只是在帮他制造混乱。

就如同很多人关心自己能否长命百岁，却从未问过自己：这是谁的人生？万一活到了100岁，那时才问自己："天哪！我在为谁而活？"

"走自己的路，听自己的就对了，可万一……走错了怎么办？"建议每一个人在选择自己认为对的那条路时，不要不信任自己。但还是有人会根据直觉回答道："听自己内心的声音，也就是只要我喜欢，这当然没什么不可以，但如果是杀人放火怎么办？"

"你会去杀人放火吗？"

"当然不会。"他又直觉地回答。

"那你还担心什么？"这让人实在不理解，为什么这些人的自信心那么低，总会推理到一放任自己，就会无恶不作。

相信真正杀人放火的人，从没有清醒地问过自己：我这样做究竟是为了谁的人生？

如果那是你要的人生，凡走过的，就不会是冤枉路。永远无法回答或面对这个问题的人，就仿佛是水母，在无意识的一张一缩之间，过完了自己碌碌无为的一生。

## 靠自己做出无悔的选择

面对大大小小的选择，你最先考虑的是什么？是自己的未来，还是朋友的看法？

事实上，不管你做出何种选择，可以肯定的是，如果你太在意别人的看法，那么，不论你选择哪一个方向，到最后总还是会有人觉得你做错了决定。

既然如此，何不就根据自己的需求和价值观，做个让自己一生都无悔的决定。

如果世上真有什么对的决定，我想，那都是相对的，也就是说，这个决定的"对"，是相对于自己的主观和人生的需求。

李开复博士在《做最好的自己》一书中，谈到一个女才子对于人生成功的感悟历程，现引用如下：

曾经在微软亚洲研究院工作的潘锦辉是一个典型的女才子。

在清华大学电子系读书时，她就天资过人，同时又兼具诚恳、谦逊等品德。在微软亚洲研究院实习时，潘锦辉用她灵活而敏锐的思维方式以及锲而不舍的钻研精神赢得了许多专家的一致好评。后来，潘锦辉又以优异的成绩考入斯坦福大学深造，并有机会在许多国际知名的大企业中工作。

在常人眼里，潘锦辉的人生旅途可谓一帆风顺，但潘锦辉自己却不这么想。她常常问自己：成功究竟是什么？难道学业和事业上的一帆风顺就是最大的成功吗？难道许多人梦寐以求的名和利就是最大的成功吗？如果成功只有一种定义，那么，自己多年来拥有过的许多美好的憧憬和设计又该如何实现呢？

有一天，一位学长无意间问潘锦辉："你到底对做什么感兴趣呢？"这句话一下子点醒了潘锦辉，令她在一瞬间明白了许多：成功之路有许多条，成功的定义也有许多种，只要在理想的指引下，真正做了自己想做的事情，真正实现了自己的人生价值，就是一种成功，就应该为此感到自豪和快乐。

从此，潘锦辉积极投入到了乐观、充实的人生当中。

做自己想做的事，做最好的自己，就是人生的一种成功。这种对成功的解读，对于站在选择的十字路口迷惘的人来说，的确是一剂醒脑药。

在做选择时非常重要的一点就是不要追随潮流，而要坚持自己内心的感觉，要凭自己内心的喜好来确定自己究竟该选择些什么。因为往往自己的喜好才能成为自己的擅长，也才能做好它。

外国小伙子乌姆贝托，像许多大学毕业生一样，茫然地迎接了大学毕业典礼。他完全不能肯定自己究竟想干什么。他担任了一所小学的社会工作者。由于他喜欢与人打交道，因此他对这个工作还算满意。在这之前，他作为家里的独子，处处受到呵护，接触面很狭窄，而这个工作却使他接触到了前所未知的众多生活层面，增长了阅历。但是，几年后，他对社会工作感到厌倦了。他认为自己有兴趣和才干，也有独创性和精力，应该把这些优势用在更有成就感的事业上。因此，他想找一个对他来说正确的职业。妻子也鼓励他立即辞掉工作，但他不愿意让她独自承担每月数目不小的生活开支。因此，他决定确定真正兴趣后再更换工作，免得跳来跳去。后来，他终于明白自己最乐意做的其实就是款待客人。

他辞掉工作，成为一家快餐连锁店的职员。他的工资比原来缩水一半还要多，但他的家庭已做好了节衣缩食以渡过暂时难关的打算。此后的 18 个月是乌姆贝托一生中最艰苦，然而却又最愉快的日子。他进步很快，终于成了连锁店中最大的一家零售店的经理。

获得经营餐饮业的经验后，他决定创办自己的事业，办起了一家有 20 名职工的"宫殿"餐厅。几年后，"宫殿"成为当地一家颇有名气的餐厅。

选择自己喜欢的事去做，这样才能更好地发挥自己的潜质和才能。我们都有过这种体验，若是自己感兴趣的事，我们会全身心地投入进去，而这正是成大事所需要的状态。要时时弄清楚自己的定位，才能在工作及日常生活中获得快乐，而这份快乐，也将为我们带来更多的朋友、更大的财富。

## 选择之前确定好标尺

人们在做决定之前，心里一定有一把标尺——也就是所谓的价值观，这把标尺用来丈量、比较和判断哪一个选择更符合自己的实际。然而，标尺有很多种，因此才造成了选择时的困惑。

比方说你约朋友去外面吃饭，你选择去湘菜馆，因为你考虑到朋友是湖南人——这时，你心里的标尺是"利他"；反过来，若你选择的标尺是"利己"——假设你是广东人——则一定会毫不犹豫地选择粤菜馆。同时，你还会面临高档与低档、坐公交车去还是打的去等一系列的选择。面对这些选择，你若不拿出一个统一的标尺，则很难做出决定。

到了湘菜馆，朋友点了几份素菜，而你点的是高热量的蘑菇炖小鸡。朋友正在减肥，不想吃高热量的食物，素菜是他最佳的选择。你却因为整天熬夜，身体疲惫，想补充一些营养，因此对荤菜情有独钟。在点菜的问题上，朋友心中的标尺是低热量，而你心中的标尺是高营养。

人们在做一个选择时，首先要有一个合乎我们价值观的尺度存在。一旦这个尺度被建立，就可以很明确地去判断我们选择的答案是好或不好、对或不对，而价值判断的实际过程，是将你心中的想法——拿出来比对后选择的答案，譬如你会考虑自己胆固醇太高、太油腻可能对健康不好；天气太热，湘菜大多又辣又烫，会不会吃得满身大汗？附近有哪几家湘菜馆？距离会不会太远？今天是周末，路上到处都是车子，到了餐馆有没有位子……你会对应所有的需要逐一去比较、判断。

当然，考虑因素的多寡因人而异，有些人天生就比较注重菜色及气氛，所以拼了老命也要去高级一点的餐厅，其他距离、健康、时间成本、交通等因素就不会那么在意；有些人天生比较精打细算，一旦评估了所有的因素，可能就推翻了出去吃的决定，干脆改成在家将就算了。

每个人的判断依据（标尺）不一样，很难说谁的决定一定是对的、十全十美的。所谓海畔有逐臭之夫，个人品位及需求不同，人与人之间很难有一个共同的标尺。正如希腊哲学家普洛塔高勒斯所说"人是万物的尺度"。

有些人常在一些决定中犹豫不定，就是因为心中同时拥有好几把"标尺"："想吃蛋糕又怕身体太胖，不吃蛋糕又不甘心"；"星期六下午想去看电影，又想和朋友去爬山，也想和女朋友去跳舞，又想……"类似这种矛盾，相信在我们的生活中常常出现。

事实上，不管每个人心中的标尺有几把，每个人的价值标准差异有多大，每个人在做判断思考时，方法和理论其实都是大同小异，只是有些人反复在更换自己的"标尺"罢了。不管我们有多少把"标尺"，有多少选择，最后只能有一个决定。

因此，了解自己在做判断时的"标尺"、统一自己的"标尺"的重要性，有助于我们更明快地做出决定，不会在犹豫中浪费时间和伤透脑筋。

虽然我们心中的这把标尺是根据自身的需求而打造出来的，

但是这把标尺有很多不合逻辑之处，甚至可能和现实背道而驰。所谓的现实逻辑就是现实世界中的各项事实及定律，如酗酒和抽烟对身体不好，却有无数烟民与酒鬼乐此不疲；违法犯纪必定会受到法律的制裁，仍不乏前仆后继的以身试法者等。

有时候，我们在做决定时，除了自己是阻碍自我效益原则的因素外，外在的客观因素也是一大阻碍。最常见的现象，就是一个人做出决定时所依据的标尺，竟然是用"别人"的标尺。这种做法等于是放弃自己选择人生的权利，在这种情况下所做出来的决定，不见得是符合自身效益的。

最常见的例子就是"和自己不喜欢的人结婚"。当事人在做出决定时，可能以别人、父母亲友、社会或道德的标尺来作为判断依据。在如此情况下所做出的决定，很难是个好决定，是否符合自身的利益也很令人怀疑。因为只有你知道自己需要什么，只有你知道自己的效益点在哪里。

还有一个常见的情形便是高考后的填报志愿。本来要选择什么专业、什么学校，应该是由学生根据自己的兴趣和专长来选择的，然而大部分的学生却会受到社会价值观、父母的期望等因素影响而做出错误的选择。常常听到某些人因为兴趣不合所以书念得很辛苦的例子。适应力强的人会继续念下去，也有人碰巧能念出兴趣来，但也确实有不少人在浪费宝贵的光阴。

如果当初能够以自己的兴趣为标尺，或许可以少走些冤枉路。与其花时间去适应没兴趣或不擅长的事物，还不如把精力放在自己喜欢的事情上，收获必定会更多，心情也会更自在更开朗。不过，很多事是否正确可能要在你做出选择之后才会发现。

或许有人会觉得，发生这种情况也是不得已的，做决定的人有太多的苦衷和无奈，或许不得不做出的某种决定才是完美的决定，才能够使大家皆大欢喜。这种想法可说是大错特错，就像"世上没有不死的人"一样，世上也没有"完美的决定"。记住，你永远无法同时满足所有人的要求，只有符合自身效益的决定，才是正确的决定。

# 得失之间如何取舍

有得必有失，有取必有舍，选择与放弃形影不离。你选择了向东走，就放弃了南、西和北三个方向。人生的选择，很多时候难就难在不愿意放弃。面对人生的得与失，人们怕的不是得，而是失。只有明确了得与失的这一辩证关系之后，才会在得失之间做出明智的选择。

美国石油大王约翰.D.洛克菲勒，33岁时就成了美国第一个百万富翁，43岁时创建了世界上最大的独占企业——标准石油公司，每周收入达100万美元。然而，他却是个只求"得"不愿"失"的资本家。一次，他托运400万美元的谷物。在途经伊利湖时，为避意外之灾，他投了保险。但谷物托运顺利，并未发生意外，于是，他为所交的150美元保险费而懊悔不已，伤心得失魂落魄，病倒在床上。他的这种患得患失、锱铢必较的思想观念，给他带来了不少烦恼，使他的身心健康受到了严重伤害。到53岁时，他"看起来像个木乃伊"已经"死了"。医生们为了挽救他的性命，为他做了心理咨询，告诉他只有两种选择：要么失去一定的金钱，要么失去自己的生命。在医生的帮助和治疗下，他对此终于有了深刻的醒悟。他开始为他人着想，热心捐助慈善和公益事业，他先后捐出几笔巨款援助芝加哥大学、塔斯基黑人大学，并成立了一个庞大的国际性基金会——洛克菲勒基金会——致力于消灭全世界各地的疾病、文盲和无知。洛克菲勒把钱捐给社会之后，感到了人生最大的满足，再也不为失去的金钱而烦恼了。他轻松快活地又多活了 45 年。

生活像一团火，能使人感到温暖，也能使人感到烦躁。经受了得与失的考验，人生就会变得和谐快乐。

对于得失，态度要坦然。所谓坦然，就是生活所赐予你的，要好好珍惜，不属于你的，就不要自寻烦恼，此其一；其二，就是得失皆宜，得而可喜，喜而不狂；失而不忧，忧而不虑。这种态度，比那种患得患失、斤斤计较的态度要开朗，比那种得不喜、失不忧的淡然态度要积极、要有热情。因为患得患失是不理智的，得失不计较是不现实的。该得则得，当舍则舍，才能坦然地面对得与失，找到生活的意义。这样的得失观才是比较客观而又乐观的。对于得失，认识要分明。在生活中，有的得不是想得就能得的，有的失不是想失就可失去的；有的得是不能得的，有的失是不应失的。谁得到了不应得到的，就会失去应该拥有的。当嗜取者取得不义之财的同时，就失去了不应失去的廉正。因此，当得者得之，当失者失之，不要得小而失大，亦不要得大而失小。

对于得失、取舍要明智。必须权衡其价值、意义的大小，才能在取舍得失的过程中把握准确，明白该得到什么，不该得到什么；该失去什么，不该失去什么。比如，为了熊掌，可以失去鱼；为了所热爱的事业，可以失去消遣娱乐；为了纯真的爱情，可以失去诱人的金钱；为了科学与真理，可以失去利禄乃至生命。但是，绝不能为了得到金钱而失去爱情，为了保全性命而失去气节，为了获取个人功名而失去人格，为了个人利益而抛弃集体乃至国家和民族的利益。

得与失之间并不是绝对相等的。在某一方面得到的多，可能在另一方面得到的少；在某一方面失去的多，可能在另一方面失去的少。比如，有的人在物质上得到的少、失去的多，但在精神上却得到的多、失去的少；有的人在精神上得到的少、失去的多，却在物质上得到的多、失去的少。由于各人的人生观、价值观不是绝对相同的，各人在得失上也不可能绝对相等。人生在世不可能得到所有的东西，也不会失去所有的东西。有所得必有所失，有所失必有所得，只是多少的问题、大小的问题、正反的问题、时间的问题。

其实有时会得到什么、失去什么，我们心里都很清楚，只是觉得每样东西都有它的好处，权衡利弊，哪样都舍不得放手。现实生活中并没有在同一情形下势均力敌的东西，它们总会有差别，因此，你应该选择那个对长远利益更重要的东西。有些东西，你以为这次放弃了就不会再出现，可当你真的放弃了，你会发现它在日后仍然不断出现，和当初它来到你身边的时候没有任何不同。所以那些在你不经意间失去的并不重要的东西，可能完全可以重新争取回来。

# 别让情绪干扰自己的选择

日常生活中常会遇到一些让我们义愤填膺、怒气难抑的事情，碰到这种事情的时候，做出正确选择的第一关键就是保持理性。

所谓的保持理性，就是不要让你的情绪来误导你的决定。人有七情六欲，就像人有五脏六腑一样，是很自然的事，可是在作选择的时刻，千万不能被情绪牵着鼻子走。要发泄情绪可以回家关起门来一个人解决，不需要让你的负面情绪再"害"你一次。

有时候，有些问题其实并不难应付，也就是说，要做出正确的选择是件很简单的事情，但偏偏有些人就是把事情搞砸，其根源常常出在负面情绪上。一旦人的思考空间被负面情绪占满了，就没有理性思考的空间了，没有理性思考的空间，就会分不清什么是好、什么是坏，因而造成闯入歧途的下场。

情绪就像风一样自由任性、捉摸不定；时间、地点、人物等各式各样的因素都会扰乱情绪的稳定。在不同状态下所做出的选择可能会受到不同情绪的影响，而在这种情况下做出的选择往往都是非理性的。所以我们必须利用逻辑思维的方式冷静地判断后果，才能做出最好的选择。

所谓的逻辑思维是我们做判断时所运用的一种工具，也就是做选择时的工具。不过，这些工具及方法运用起来，可能需要花费很大的脑力，而这种耗费精力的事对某些人而言往往是种很大的折磨，因为，多数人总是懒得动脑筋去想事，越简单越好。

一个用情绪来做选择的人，往往看不清事情的真相，不经由大脑思考，完全凭直觉反应，而且情绪飘浮不定，所以他们处理事情便没有一个准则。如果能花点心思想一想再做选择，对于事情的结果也就比较能掌握，也就不会事到临头才干着急。

面对选择，最好的心态是"等闲看云卷云舒，心静观花开花落"，这样的选择可以从容一些。

据说，古罗马有个皇帝，常派人观察那些第二天就要被送上竞技场与猛兽空手搏斗的死刑犯，看他们在临死前一夜是怎样表现的。结果发现栖栖遑遑的犯人中居然有能呼呼大睡而且面不改色的人，于是便偷偷在第二天将他释放，训练成带兵打仗的猛将。

无独有偶，据传中国也有个君王，在接见新来的臣子时，总是故意叫他们在外面等待，迟迟不予理睬，再偷偷看这些人的表现，并对那些悠然自得、毫无焦躁之容的臣子刮目相看。

一个人的胸怀、气度、风范，可以从细微之处表现出来，或许，古罗马的那位皇帝以及古代中国的那位君王之所以对死囚或新臣委以重任，便是从他们细微的动作、情态中看到了与众不同的潜质，看到了那份处变不惊、遇事不乱的从容。从容是人自信的体现。

从容，是傲雪之于严冬，"大雪压青松，青松挺且直"；从容，是义士之于刑枷，"我自横刀向天笑，去留肝胆两昆仑"；从容，是智者之于声色利诱，"非淡泊无以明志，非宁静无以致远"。从容，是一种理性、一种坚忍、一种气度、一种风范；只有从容，才能临危不乱、举止若定、化险为夷；也只有从容面对人生的选择，不惧怕危难，才能懂得生存的真谛。

# 起手无悔大丈夫

下象棋时，有句话叫"起手无悔大丈夫"，你拿起哪个棋子就要走哪个棋子，要不然你就不是大丈夫。生活和人生莫不如此，要培养自己的这种习惯，遇事不要犹豫不决，已经决定的事情不要轻易推翻。

起手无悔，就是要有胆有识，关键时刻有魄力。胆是做事的胆略和勇气，识是做事的才识和智慧。胆识不仅表现为一种能力、一种素质，更表现为一种品格、一种精神。

大山里的一个年轻人离开故乡，试图去远方开创自己的新天地。少小离家，云山苍苍，心里难免有几分惶恐。他动身的第一站，是去拜访本族族长，请求指点。

老族长正在临帖习字，他听说本族有位勇敢的后生开始踏上打拼的征途，就随手写了"不要怕"三个字，然后抬起头来，望着前来求教的年轻人说："孩子，人生的秘诀只有六个字，今天先告诉你三个字，够你半生受用。"

20年后，这个从前的年轻人已到不惑之年，有了一些成就，也添了很多心事，归程日短，返乡情切，他又拜访那位族长。

他到了族长家里，才知道老人家几年前已经去世。家人取出一个密封的封套来对他说："这是老先生生前留给你的，他说有一天你会回来。"还乡的游子这才想起来，20年前他在这里听到的只是人生的一半秘诀，于是急切而又哆嗦地拆开封套，里面赫然又是三个字："不要悔。"

上面这个极富哲理性的故事，适合每一个年龄段的人阅读与领会。联系我们所述的"命"与"运"的分拆解析法，我们对于过去了的"命"不要悔，对于今日与将来之"运"不要怕。

心平气和地看待过去，满怀憧憬地展望未来，脚踏实地地经营现在——也许，这就是对"不要悔"与"不要怕"之最好诠释。

机遇与风险同行，蹩脚的决策者遇到风险时胆战心惊，想方设法绕过去，最终又躲避不开。而优秀的决策者却适度地加以运用，结果不仅保护了自己，还促进了自己的发展。

这就是说，生活需要胆识，要敢于尝试！无论做什么事，你都要敢于去表达你的想法，然后去实践你的想法。

纵观历史长河，能够千古美名传的并不尽是哪一方面的赢家。《岳飞传》中岳飞的遭遇很是凄惨悲壮。他在战场上所向无敌，让金兵对岳家军闻风丧胆，但最后却落在奸人之手，斗不过区区一个秦桧。岳飞的一生算是成功的吗？后人无法评判，只能记住他的名字，悼念他的辉煌。但是有一点是肯定的，岳飞称得上是一个起手无悔的大丈夫；生，退金兵，报国家；死，为君亡，听君命。牢狱之中，他怒发冲冠，只恨不能为国为君再击胡虏。这才是大无悔的精神，也只有这样的人，才称得起大丈夫。

历史往往会照出现实的丑陋，现在社会上却有那么多的罪犯、那么多的贪官、那么多被欲念牵引的人、那么多形形色色的观念囚徒，他们不懂得放下成败，不懂得起手无悔，不懂得人生是怎样一种深刻。他们在事前或是瞻前顾后、犹犹豫豫，或是三心二意、患得患失，然而在事后却捶胸顿足、后悔莫及。其实事前的优柔寡断就已注定了做事后的追悔莫及，如此说来起手无悔实在是人生的第一课。

做错选择时，尤其是做错一些所谓的大的抉择时，确实让人扼腕痛惜，难以释怀。但是覆水难收，过去的事你无法改变了。比如说，谈恋爱是人生中一件美好的事，然而有过失恋经历的人是很多的，甚至可以说几乎人人都有失恋的经历。爱情是美丽的，正因为爱之深、情之切，失却爱情的人往往会失却自己。

一位美国小伙子喜欢上了一位中国姑娘，便一直追求。最后，中国姑娘辞掉了让人羡慕的工作，跟美国小伙子结了婚，飞到大洋彼岸去了。跨国之恋并没有结出甜美的果实。他们的婚姻生活一直处在磕磕碰碰的尴尬之中。"我放弃了那么好的工作，离开父母跟你到美国来，我为你做了这么大的牺牲。"中国姑娘说，她以为这样能把美国丈夫感动。没想到对方却说："不，不，我不认为这是什么牺牲，在我看来，这不过是你的一种选择。"

既然是自己选择的，那就不要后悔，走过去，往前走，就算选择带来的是不幸，也要勇敢地接受。当选择让你生活困窘、饥寒交迫、一败涂地的时候，告诉自己，没什么大不了的，这不过是我生命的一个步骤。如果总是懊恼自己的选择，总是觉得自己的选择不对，这样对人生没有一点好处，反倒还会阻碍自己的发展。其实，人生无所谓输赢，我们所说的成功与失败，都是生命进程中的一个侧面。走出生活来看成败，你就会发现成与败都是相对而言的，所以要起手无悔，所以不能患得患失。

# 第五章　认定的事就要放手去做

这个世界，永远缺少的是实干家，永远不缺的是空想家与空谈家。那些喜欢空想或空谈的人，似乎满腹经纶，是思想的巨人，却是行动的矮子。唯有行动，才是连接现实与梦想的唯一桥梁。

认定了的事，就要放手去做。有道是"万事开头难"，其实，开头之后坚持下去更是难上加难。开始做一件事情，往往靠的是决心与信心；而事情一旦开始，要有始有终就需要耐心和恒心了。

# 理想是用来实现的

理想之所以称为理想，本身就蕴含了来之不易的意思。很容易就能达成的目标，不能叫理想。轻易放弃自己的理想，等于抛弃了自己。

在棋盘上一枚卒子要过河，不知道要经历多少磨难！在人生的路上，要泅渡过那条制约我们施展手脚的河，同样是困难重重。其实，有困难才是正常的，没有困难的河流阻挡淘汰，用什么来区分卒子的优秀与卓越？

理想是用来实现的，而不是用来放弃的。曾经在一本杂志上看到一个这样的故事：

在美国乡村的某个小学的作文课上，年轻的语文老师给小朋友们布置了一篇作文，题目叫《我的理想》。一位小朋友是这样描绘他的理想：将来自己能拥有一座占地十余顷的庄园，在辽阔的土地上植满绿茵；庄园中有无数的小木屋、烤肉区，及一座休闲旅馆；除自己住在那儿外，还可以和前来参观的旅客分享自己的庄园，有住处供他们休息。

老师检查作文后，在这个小朋友的簿子上被画了一个大大的红"×"，老师要求他重写。小朋友仔细看了看自己所写的内容，并无错误，便拿着作文去请教老师。老师告诉他："我要你们写下的是自己的理想，而不是这些梦呓般的空想，理想要实际，而不是虚无幻想，你知道吗?"

小朋友据理力争："可是，老师，这真是我的理想呀!"老师也坚持观点："不，那不可能实现，那只是一堆空想，我要你重写。"

小朋友不肯妥协："我很清楚要实现我的理想很难，但这的确是我真正想要的，我不愿意改掉我的理想。"老师坚决地摇头："如果你不重写，我就让你不及格，你要想清楚。"小朋友没有妥协，结果他的作文真的没有及格。

30年后，这位老师带着一群小学生到一处风景优美的度假胜地旅行，在尽情享受无边的绿草、舒适的住处及香味四溢的烤肉之余，他望见一名中年人向他走来，并自称曾是他的学生。

这位中年人告诉他的老师，他正是当年那个作文不及格的小学生，如今，他拥有这片广阔的度假庄园，真的实现了儿童时的理想。老师望着这位庄主，不禁感叹："三十年来我不知道用'实际'，改掉了多少学生的梦想;而你，是唯一保留自己的梦想，没有被我改掉的。"

谁没有过理想呢?有多少人实现了自己的理想?

没有实现理想不要紧，只要我们还行走在前进的路上，就一切皆有可能。而遗憾的是很多时候，我们没有实现理想是缘于放弃。放弃理想大致有两种原因：一种是随着岁月的增长，发现原来的理想并非自己真正想要的;一种是因为困难太大，自己主动放弃了理想。前者是主动放弃，后者是被动放弃。理性地说，适当的放弃是人生路上无奈却必需的妥协。但你一定要谨慎判断"适当"——你的理想是你内心所深切的渴望吗?如果是的，那么

别在该吃苦的年纪选择安逸

你就不应该轻易放弃。

# 时机稍纵即逝

　　苏珊·海沃德长得漂亮、苗条、性感。她的青年时代，正是好莱坞的主要制片公司发展的全盛时期。她像其他雪亮的童星一样，怀着成为好莱坞电影明星的梦想，当上了合同演员。她进入好莱坞的最初几个月中，面对的不是摄像机而是照相机。她穿着泳装，日复一日地摆弄出千姿百态，为广告照做模特儿。她那充满魅力的微笑，随着报纸杂志的广告传遍五湖四海。读者们，也是电影的影迷们，对她已经具有一种倾倒和渴望的感情。

　　然而，苏珊一直得不到当演员的机会。当她询问老板时，得到的回答总是："耐心地等一等，总有一天会推荐你的。"

　　有一次，机会突然来了。派拉蒙公司在洛杉矶举行全国性的影片销售会。苏珊接到旅馆舞厅的通知。舞厅里来了很多电影院的老板和来自各州的商人。影星们进入舞厅之前，派拉蒙公司对自己的影片已进行过大肆宣传。

　　影星们一个接一个与观众见面。苏珊出场时，会场上发出了一片欢呼。她此前还没意识到这是一次机会。她面对观众，像对老朋友们一样微笑着说："我知道你们都认识我，你们中有谁见过我的照片？"台下立即有许许多多的人举起了手。

　　"有人看过我在电影里的形象吗？"没有人举手，只有笑声。

苏珊趁热打铁，发问道："你们愿意看我在电影中的形象吗？"

会场上响起了雷鸣般的掌声，代替了回答。

苏珊这一计即兴拈来，大获全胜，于是她说："那么，诸位愿意捎个话给制片公司吗？"

这是一次民意测验，那么多观众的代表想看苏珊在电影中的形象，制片公司的老板得到这一民意测验的结果，完全可以判断，如果请苏珊出演影片，此片一定走俏。

于是，苏珊不久之后便受聘出演，上了银幕，并且成了大明星。她在《我想生存》一片中扮演的角色使她荣获了奥斯卡金像奖。

一个人只有善于抓住机遇，才能在最佳时刻表现自己与人不同的习惯和能力，才可以赢定人生。

现实是此岸，理想是彼岸，中间隔着湍急的河流，行动则是架在河流上的桥梁。在人生中，思前想后、犹豫不决固然可以免去一些做错事的可能，但可能会失去更多成功的机遇。

一个小男孩在外面玩耍时，发现了一个鸟巢被风从树上吹掉在地上，从里面滚出了一只嗷嗷待哺的小麻雀。

小男孩决定把它带回家喂养。托着鸟巢走到家门口时，他突然想起妈妈不允许他在家里养小动物。于是，他轻轻地把小麻雀放在门口，急忙走进屋去请求妈妈。在他的哀求下，妈妈终于破例答应了。小男孩兴奋地跑到门口，不料小麻雀已经不见了，他看见一只黑猫正在意犹未尽地舔着嘴巴。

小男孩为此伤心了很久。但从此他也记住了一个教训：只要是自己认定的事情，决不可优柔寡断。后来，这个小男孩成就了一番事业。

犹豫不决是避免责任与犯错误的一种方法。它有一个谬误的前提：不做决定就不会犯错误。希望做到至善至美的人，特别惧怕犯错误。他从没犯错误，一切事情都做得很完美，如果他对不起这幅完美的图像，强劲的自我就会垮得粉碎，因此，他认为做决定是生死攸关的事情。

错误谁都会犯。事情进展的过程，其本质就是一连串的行动、犯错误与修正错误的过程。导向鱼雷能够逐渐接近目标最终击中目标，是经过一连串的错误与不断修正错误达成的。你若总站立着不动，就无法修正你的方向。不做事情，你也无法改变和修正。因此，你必须考虑事情的发展趋势，预想各种行动方针的可能的结果，选择你认为最好的解决办法，并且大胆地去做，边前进边修正你的方向，不要害怕犯错误。

一个人不经过无数的大小错误，是无法伟大起来的。许多人在谈到他们的成功时，都认为，自己从错误中比从成功中得到更多的智慧，时常从不想做的事情中找到要做的事情，而那些从不犯错误的人都不可能有任何发现。

爱迪生不断使用去除法解决问题。如果有人问他是否因为有太多的途径是行不通的而感到泄气，他一定回答说："不！我才不会泄气！每抛弃一种错误的方针，我也就向前跨进了一步。"

遇到问题，思考是必须的，但不要为思考耽误了行动。要知道，再聪明的人，也要有积极的行动。

一旦决定了，就马上去执行，才能把握住最好的时机。

# 改变是机遇的别名

"我想告诉你，人不可能坐等生命中的一切，必须主动去争取。"桑迪·威尔在接受记者采访时如是说。

桑迪·威尔是美国花旗银行前董事会主席兼 CEO。他在任职期间，为公司的股票持有人创造了 2600% 的投资回报率，并在自己的职业生涯里实施了一系列令人瞩目的企业并购。他还曾被美国《首席执行官》杂志评为"年度最佳 CEO"。

众所周知，美国的经济界人才济济、竞争激烈、波澜起伏，桑迪·威尔能够在其中脱颖而出，其成功的一大重要砝码就是能够先机而动、勇于改变。

"改变就是机会。做别人不看好的事是比较聪明的方式，你会从中获得更多价值。"这是桑迪·威尔始终信奉的经商理念，也是他人生的成功法则。

桑迪·威尔并非天生想做企业家。上大学时，他曾想做工程师，毕业时曾经想做飞行员，但发现自己终究不是那块料，于是果断改行。1955 年，大学刚毕业便结婚的桑迪·威尔，为了养家糊口，误打误撞进入了一家证券经纪公司，在后勤办公室谋了一份月薪只有 150 美元的差事。

五年后，逐渐熟悉金融服务业的桑迪·威尔与他的同伴，三个同样是二十多岁的毛头小伙一起，挤在华尔街 37 号一个局促的角落里，创办了自己的公司。

创业的日子是艰苦的，而桑迪·威尔的创业则格外艰苦。作为一个来自父母离异的家庭、没有任何背景、差一点大学没有毕业、双手空空的年轻人，他创业所用的30万美元资金都是借来的。然而，面对生存的压力和华尔街的波诡云谲与变化莫测，桑迪·威尔却始终自信。

"因为很早的时候，我就把变化看成机遇。"桑迪·威尔并不惧怕变化，因为他明白，改变是机遇的钥匙。于是，凭借着他的自信和对于变化的良好把握，他的这间小公司稳定地成长着。

然而，作为一个领导者，桑迪·威尔却没有就此满足，他始终在寻求着新的改变。20世纪60年代，当多数管理者陶醉于牛市之时，桑迪·威尔早就明白好景不长，为即将到来的股市风波做好了准备：他们放弃了流行的公司合伙制，取之以公共持股模式，让这家幼小的公司具有良好的资本来源和稳定的财务结构。20世纪70年代，竞争对手们纷纷倒下时，桑迪·威尔的公司不仅生存了下来，而且茁壮成长，经历变革、扩张，在1970年的证券业危机中鲸吞美国证券业最大的公司之一海登斯通，让自己的公司规模扩大了30倍。之后，桑迪·威尔又领导一系列大胆收购，使公司成为当时美国最大的证券公司之一。

这就是桑迪·威尔的故事，一个不是神话的神话，一个不是奇迹的奇迹。如同许多的成功者一样，桑迪所做的，只有一件事：在变化的路口，向机会转了一个身。所以他成功了。

随外界环境变化及时调整自身行为，也是聪明和愚蠢的分野之一。不管具体情况如何，抱着既定的条条框框，不思修正变革，

"一条道跑到黑"，这是蠢人的做法；以外界环境的变化为参数，本着灵活机动，具体问题具体分析，进退自如，取舍随机，这是聪明之为，也是应变能力的真实体现。

# 行动了才会有结果

世界上有两种人，一是实干家，一是空想家。空想家们善于夸夸其谈、想象丰富、渴望强烈，甚至于设想去做大事情；而实干家则是去做。空想家往往不管怎样努力，都无法让自己去完成那些应该完成或是可以完成的事情。实干家虽然没有空想家那样富丽堂皇的说辞，却总能获得成功。

实干家比空想家更能获得成功，是因为实干家一贯采取持久的、有目的的行动，而空想家很少去着手行动，或是刚开始行动便很快懈怠了。实干家具备有目的地改变生活的能力，他们能够完成非凡的事业。而与此形成鲜明对比的便是，空想家只会站到一边，仅仅是梦想过这些而已。

空想家往往受到人们的嘲笑，因为他们始终把自己的理想挂在嘴边，但却从不见他们为之奋斗。他们的谈话言辞激烈，谈到理想时热情慷慨，然而，他们却是行动的矮子。空想家是幼稚的，认为以自己头脑中知识可以拯救世界，但是世界却不这么认为，事实一次又一次地证明，空想者的结果是失败，或是蒙羞。

赵括是个空想家，自以为读过兵书，于兵法之道十分谙熟，

## 别在该吃苦的年纪选择安逸

但终归没有亲身经历过战争，书本在他头脑中构筑的虚无缥缈的军事楼阁，在真切的刀光剑影下坍塌得没留下一点痕迹，赵括也因纸上谈兵，而被视为空想家贻笑千古。

媒体曾经出过这样一个竞答题目：如果有一天大英博物馆突然燃起了大火，而当时的条件只允许从众多的馆藏珍品中抢救出一件，问题是"你会抢救哪一件？"。

在数以万计的读者来信中，一个年轻诗人的答案被认为是最好的，"选择离门最近的那一件"。

这是一个令人叫绝的答案，大英博物馆的馆藏珍品件件都是国宝，举世无双，与其幻想着件件都抢救出来，不如抓紧时间抢救一件算一件。因为前者是不切实际的，完全属于一厢情愿。

良好的理论基础很重要，但是理论基础如果不经过实践的检验，就不可能转化为在实际应用中有效的力量。无论是空谈者，还是空想者，大概在他们的头脑中，自以为有了知识就有了一切，这是愚蠢而浅薄的。掌握理论是为了应用，有了目标要实干才能实现理想。否则，单凭理论异想天开，一定会导致重大的失误。

一个老鼠洞里的老鼠越来越少，老大让一只行动灵巧的小老鼠去看看出了什么事情。

小老鼠慌慌张张地回来报告说："老大，老大，大事不好，有一只又大又凶的猫出现了，每天都要吃几只老鼠。"

老大于是带领三只最大的老鼠去打猫，一回合还没打完就打败了。老大又带了三只最狡猾的老鼠去骗猫，结果偷鸡不成蚀把米，被猫吃掉了。

老大看着兄弟们一个个死去，急得像热锅上的蚂蚁，左思右想，终于想出一个主意。它召集大家说："谁能想出一个对付老猫的好办法，我就把老大这个位置传给谁。"

重赏之下必有勇夫，这时有一只灰毛老鼠说："虽然我们打不过那只猫，但如果给猫戴上铃铛，只要猫一动我们就知道了，然后就可以逃跑了。"

老鼠们都觉得这个主意好，老大也认为不错，就把位置传给了这只灰毛老鼠。

过了几天后，老大又听到有老鼠被猫吃掉的消息。老大心里纳闷，于是找到灰毛老鼠质问："这是怎么回事？不是说给猫戴上铃铛就没有事情了吗？"

灰毛老鼠支支吾吾地说："这……这……"

旁边的一只老鼠抢着说："因为它根本就没有去给猫戴铃铛，它怕被猫吃掉！"

老大听了，觉得受到了侮辱，一气之下把灰毛老鼠咬死了。

这就是空想的下场。明知道不可为的事情，就不要去空想；可以实现的事情，想了就要去做，只想不做，一大堆目标也只不过是目标。你可以界定你的人生目标，认真制定各个时期的目标，但如果你不行动，还是会一事无成。


## 变"要我做"为"我要做"


在以培养世界上最杰出的推销员著称于世的布鲁金斯学会，

别在该吃苦的年纪选择安逸

有一个传统，就是在每期学员毕业时，设计一道最能体现推销能力的实习题，让学生去实习。

20 世纪 70 年代，布鲁金斯学会的一名学员成功地把一台微型录音机卖给了当时的总统尼克松，获得该学会的"金靴子"奖。

在克林顿当政期间，布鲁金斯学会给学员出了这么一道题目：请把一条三角裤推销给现任总统。在这八年间，有无数学员为此绞尽脑汁，最终都失败了。

小布什上台后，布鲁金斯学会把题目换成：请把一把斧子推销给小布什总统。由于"金靴子"奖已经空置了 28 年，许多学员对此类实习题失去了信心，知难而退。他们都认为总统什么都不缺，他根本没有必要去买一把斧子。

然而，有个叫乔治·赫伯特的学员自愿报名，要去向总统推销斧子。他的亲朋好友都劝他别想入非非，可他认为，只要自己想干，总会有希望。他有了"我要做"的强烈愿望，就产生了热情。这促使他去思考，去调查研究。然后，他给小布什写了一封信，说："有一次，我参观您的农场，发现树上有许多枯树枝需要砍去。我想，您一定需要一把既能锻炼身体又能砍伐枯树枝的斧子。现在，我这儿正好有一把这样的斧子。假若您有兴趣，请按这封信所留的信箱，给予回复。"

最终，乔治·赫伯特成功地把一把斧子推销给小布什总统，布鲁金斯学会把一只刻有"最伟大推销员"的"金靴子"奖给了他。据说乔治·赫伯特的能力在这批实习的学员中并不是最好的，他能获得"金靴子"，凭的就是"我要做"的热情。

如果把热情比作火种，那么潜能就像燃油，用你的热情去点燃你的潜能，就能把你身上的智能和优点充分地发挥出来。

科学家吉耶曼和沙利，为了研究下丘脑激素，历经了 21 年的磨难，一个失败接着一个失败，以至于失去了专家们和研究经费资助者的支持。可他们还是毫不气馁，充满了热情，在解剖了上万只羊脑之后，终于获得了成功，并于 1977 年荣获诺贝尔化学奖。

后来，有人问他们是怎样成功的。一个说："靠的是'我要做'的愿望。"另一个回答说："我们有'死不悔改'的决心。"

正是这份强烈的愿望，化作惊人的热情，从而产生了无坚不摧的力量。我们从他们身上可以发现，人的丰富想象力、大胆的追求、蓬勃的朝气、充沛的精力，这一切同热情是分不开的。

一个英语培训班，老师问两个来报名的学生："你们报哪个班?"一个说："我要报英语班。"另一个学生回答："我爸要我报英语班。"

一年后，那个"我要报英语班"的学生，学习成绩优异，排在全班的前三名；而那个"我爸要我报英语班"的学生，口试和笔试都不及格。

这两个学生在同一个班学习，智力不相上下，但学习成绩却相差很大。

绝大多数失败者的生活都是建立在不得不做的基础上的。"我爸要我报英语班"的那个学生，他自己本来就不愿学英语，是他爸非要他这么做。而那个"我要报英语班"的学生，是自觉自愿的。这意味着有了"我要学""我想学""我喜欢学"这种愿望，就能产生热情，有了热情，英语就自然能学好。

人在做"我想做""我要做"的事时，才会动脑筋想办法，克服一切困难去完成。不知你观察过没有、世上许多做得好的工作，都是在热情推动下完成的。

人们常说，热情大于本领，这话一点也不过分。就像火种大于燃油一样，一桶再纯的燃油，无论它的质量怎么好，如果没有小小的火柴将它点燃，也不会发出半点光、放出一丝热。

每个人身上都拥有热情，所不同的是，有的人热情只能保持几分钟，有的人只能保持几天或几十天，但是一个真正的成功者，却能让热情保持几十年，甚至一辈子。

不少人失败的原因，不是没有能力，也不是没有机会，而是失去了热情。一个人一旦失去了热情，惰性就会乘虚而入，人会变得老气横秋、暮气沉沉、毫无生气。这样的人纵有天大的本事，他的才华也"横溢"不出来，人就会像断了油的灯，缺少了燃料的飞机、轮船一样。

钢琴的琴弦要保持在正确的音符上，就必须反复调正。一个人要把自己身上的热情充分地发挥出来，同样也需要有意识地去"调正"。如果我们整天为单调、重复、琐碎的事情所困扰，失去了工作和生活的积极性，那么我们就要把"要我做"的事，调整为"我要做"的事，让我们心中的热情不断地燃烧起来。

## 充分利用每一分钟时间

成功者都非常珍惜自己的时间。因为他们知道，失去了时间就永远无法翻本，而利用好时间就是赢得了最大的资本。

伯利恒钢铁公司曾经是世界上最大的钢铁企业，曾任该公司总裁一职的查理斯·舒瓦普会见效率专家艾维·利时，舒瓦普说他自己懂得如何管理，但事实上公司不尽如人意。他说："应该做什么，我们自己是清楚的。如果你能告诉我们如何更好地执行计划，我听你的，在合理范围内价钱由你定。"

艾维·利说可以在 10 分钟内给舒瓦普一样东西，这东西可使舒瓦普公司的业绩提高至少 50%。然后，他递给舒瓦一张空白纸，说："在这张纸上写下你明天要做的最重要的六件事，然后用数字表明每件事情对于你和你的公司的重要性次序。"

这个过程大概只花了五分钟。

艾维·利接着说："现在把这张纸条放进口袋，明天早上第一件事就是把这张纸条拿出来，着手办第一件事，直至完成为止。然后，用同样方法对待第二件事、第三件事……直到下班为止。如果你只做完第一件事情，那不要紧。你总是做着最重要的事情。"

艾维·利又说："每一天你都要这样做。你对这种方法的价值深信不疑之后，叫你公司的人也这样干。这个实验你爱做多久就做多久，然后给我寄支票来，你认为值多少就给我多少。"

整个会见不到半个钟头。几个星期之后，舒瓦普给艾维·利寄去一张 25 万美元的支票，还有一封信。信上说那是他一生中最有价值的一课。

在所有资源中，时间不同于其他资源，它没有弹性，找不到代用品来替代它，而且时间永远是短缺的。时间既不能停止，也不能保存。因此，管理利用好时间，它将为人生赢得最大的资本。

下面是几种利用时间的妙招，也许可以给你启示：

## 1. 把握好零碎时间

在古老的、生活节奏缓慢的马车时代，用一个月的时间经过长途跋涉才能走完的路程，我们现在只要几个小时就可以穿越。但即使在那样的年代，不必要的耽搁也是犯罪。文明社会的一大进步是对时间的准确计量和利用。

把零碎时间用来从事零碎的工作，从而最大限度地提高工作效率。比如乘车时，在等待时，可用于学习、用于思考、用于简短地计划下一个行动等。充分利用零碎时间，短期内也许没有什么明显的感觉，但长年累月，将会有惊人的成效。

在位于费城的美国造币厂中，在处理金粉车间的地板上，有一个木制的盒子。每次清扫地板时，这个格子就被拿了起来，里面细小的金粉随之被收集起来。日积月累，每年可以因此节约成千上万美元。

事实上，每一个成功人士都有这样的一个"盒子"，用于把那些零碎的时间，那些被分割得支离破碎的时间，都收集利用起来。等着咖啡煮好的半个小时，不期而至的假日，两项工作安排之间的间隙，等候某位不守时人士的闲暇、等等，**都被他们如获至宝般地加以利用。而那些被称之为瞬间的点点滴滴充分利用起来，便产生了奇迹。**

## 2. 巧利用交通时间

生活在大都市，通常人们每天早上要花上一个小时在路上，而下班回家时又要花上一个小时。很明显，有两方面值得你认真考虑一下：

（1）你是否能缩短交通时间？

（2）你能否有效地利用这些时间？

对于如何有效地利用上下班的交通时间这一问题，要因人而异。对于有车一族来说，随手打开车上的收音机任意播放节目，但这并不是利用时间的最好办法。

你可以采取一点别的更加有效的方法：在早晨业务汇报之前，把有关事项先想清楚；分析分析业务、私人问题或可能发生的事；在心里面为一天的工作先计划一番。

对于无车一族来说，北京有很多白领女士利用上班路上塞车的时间进行化妆。当然，还有很多人一上车就利用手机开始办公了。

重要的是避免由惰性或习惯来决定如何利用上班交通的时间。在这段时间里，要有意识地决定把注意力集中在什么方面。你会惊异地发现，如果不浪费这段时间将会获得多么宝贵的益处。

### 3. 避免不必要的时间浪费

随着移动互联网络的全方位覆盖，人们打发空闲时间也更方便了。随时随地，都可以掏出手机自得其乐。尤其是许多年轻人，除了工作、睡觉，其他时间几乎被手机控制了：刷抖音、看微博、打游戏、聊微信……宝贵的时间都浪费在娱乐上，这是多么可惜！

建议你以小时为单位划分你的时间，用更少的时间做更多的事情。比起小时，如果你尝试记录每件事花销的分钟，效果会更好。只要你坚持记录一个月左右，你就会发现自己对时间的敏感越来越强。

# 第六章　没有机会怎么办

　　人的一生中，真正称得上是"机会"的机会并不多。因此，机会不是天天有，有时候你需要有点耐心地等候点时间。

　　此外，很大程度上机会并非来自外界，而是来自你的自身。你就是自己的机会。常言道："有机会就抓住机会，没有机会就创造机会。"当然，这些说来容易，做起来是有一定难度的。

# 有时候你需要等待

机会与时间的完美结合，谓之"时机"。时机到了，就能将机会发挥出最大效用。战国时安陵君在获取封号前，只是楚王身边的一个宠臣。一个叫江乙的门客劝导安陵君找个机会向楚王示忠，以获得更稳固的政治地位，以保自己来日的富贵。安陵君问如何示忠，江乙献计："您务必要向楚王表忠，请求能随他而死，亲自为他殉葬，这样，您在楚国必能长期受到尊重。"安陵君答应了。

安陵君口头上是答应了，但整整三年没有去实施。门客江乙看了很焦急，对安陵君说："我和您说过要向楚王表忠的事，您也应承了，直到现在您还没有行动，看来我只有离开这个危机潜伏的地方的。"安陵君劝其留下，说："我何尝不想表忠呢？但没有找到合适的机会啊。"

安陵君在苦等机会中度日如年。一次，楚王外出去游猎，安陵君有幸随游。一路上车马成群结队，络绎不绝，五色旌旗遮蔽天日。忽然一头犀牛像发了狂似的朝车轮横冲直撞过来，楚王拉弓搭箭，一箭便射死了犀牛。楚王随手拔起一根旗杆，按住犀牛的头，仰天大笑，说："今天的游猎，寡人实在太高兴了！待我百年之后，又有谁能与我一道享受这种快乐呢？"安陵君听了，感觉机会来了，于是泪流满面地走上前对楚王说："我在宫中有幸和大王席地而坐，出外和大王同车而乘，大王百年之后，我愿随从而死，在黄泉之下也做大王的褥草以阻蝼蚁，又有什么比这更快乐的呢！"

安陵君的这次表忠，看不出任何做作、谋划的痕迹，水到渠成，真诚自然。果然，处于狂喜与惆怅之中的楚王听了非常感动，回宫后正式封他为安陵君，让其有了自己的封地。安陵君能够为了一个时机而等待三年，漫长的等待需要耐心、勇气与毅力，时机找不到，绝不出手。正是这种严格的时机把握，才有了他"三年不鸣，一鸣惊人"的奇绝效果。

等待机会不是叫你消极地等，有一种积极的等待方式，将有利于机会来临时更有力地抓住。那就是——时刻为抓住机会而充实自己！

我们知道，抓住机会是要讲究实力的。没有足够的实力，机会来临你也抓不住。拿李彦宏回国创业来说，他没有一定的经济实力解决后顾之忧，没有在搜索引擎专业知识"全球前三名"的本领——这在他起步时融资中起了很大作用，他也只能眼睁睁地看着机会过去而无力伸手。

国外有一个著名的励志书作家，叫拿破仑·希尔。他用了20年的时间，深入调查了全美504名鼎鼎有名的成功人士，得出的结论之一是：在那些外人看似一夜成名的背后，凝聚的是当事人长时间地努力与坚守。这就好比战士在上战场前，从来就没有放松过自己的严格训练；只等战争来临，他们就能迅速进入角色并取得良好的战绩。

被誉为"中国第一打工王"的川惠集团总裁刘延林说："机遇，对每个人来说应该是平等的，但为什么有人捕捉不到，有人捕捉得到呢？关键在于你是不是积累了捕捉机遇的本领。就像狩猎，等了很久很久，猎物来了，你却放空枪，只能眼睁睁看着猎物消失。捕捉猎物的本领，就是及时抓住机遇的本领。同样发现了机遇，有的人能够牢牢抓住，有的人却眼睁睁地看着机遇溜走。"

机会只偏爱那些准备最充分的人。换句话说，只有在"万事俱备"的情况下，东风才显得珍贵和富有价值。

中国观众认识游本昌是从电视连续剧《济公》的播出开始的，从此他的名字连同"济公"这一形象，深深地印在亿万观众的脑海中。

游本昌出演"济公"角色时，已是57岁的人了。在他一举成名前，是30多年默默无闻的演员生涯。

少年时的游本昌就精于模仿，热爱表演，济公和卓别林的形象曾对他产生巨大的影响。凭着他良好的表演天资，他被保送到上海戏剧学院深造，并在大学毕业后极其幸运地被吸收进入中央实验话剧院。然而，他未料到，跨入中国当时一流的剧院这一天，也是他不走运的开始，等待他的将是30年的默默无闻。

在漫长的从艺生涯中，游本昌所扮演的几乎都是小角色、小人物，对于一个演员来说，这不能不说是一场悲剧。然而，他却从不气馁，只是通过默默地耕耘和锻炼，用心对每个角色进行精细雕琢，力求演好每一场戏。

## 别在该吃苦的年纪选择安逸

他的信条是"没有小角色，只有小演员""热爱心中的艺术，不是艺术中的自己"。靠着对艺术的执着追求，他在被冷落的孤独中苦练演艺，静静等待着机会的来临。

游本昌与"明星"们一起到过几十个城市，每次演出时他在节目中属于串场的角色。每到一处，当"明星"们被热情的观念包围着时，他却被冷落一旁。对此，游本昌的回答是："我不会感到凄凉，那是可以理解的。"

靠《济公》一举成名后，有记者问游本昌："一项事业总要有人去做它才能成功，有的人抓住机会出名了，而有的失败了，悲观了。这里涉及的问题就是机会，你是过来人，你对机会如何理解呢？"

游本昌是这样回答的："是玫瑰总会开花。我在上海戏剧学院工作时，曾有一位艺术家结合自己 30 岁成才的经历说过，'一个人的成功最大的问题就是机会'。他还谈到和他一样的一个人艺演员很有才华，却久久不得志。直到 42 岁拍完一部电影才崭露头角。我很喜欢鲁迅的著作，更赞赏鲁迅先生的韧性的斗争精神。我相信事在人为，如果说有运气和机会上的差别，我绝不能因时运不济而削弱志气。倘若削弱了志气，连原有的才气也完了，运气自然不会敲你的门。为什么会让我游本昌演济公？因为我演过话剧、演过哑剧，电视剧导演听了熟悉我的人介绍我有喜剧表演才能，我才幸运地饰演了济公。因此，我觉得如果有人遇到怀才不遇的问题时，请不要泯灭自己的志气和追求，相反，更要激发你的韧性、力量。凡事只能往前闯，否则没有出路。奥斯卡电影金像奖，有人七八次提名未中，也有一次获奖的幸运儿。我们要从未获奖的人身上学志气，不要羡慕幸运儿的运气。卓别林80岁才去领奖，亨利·方达年近七旬才捧上小金人。历史证明，生活绝不会辜负一个辛勤的耕耘者。我们不要等别人发光、等别人抛彩球，自己沾光；我们要自己发光，要高速运转、才能产生光和热。我运转的动力是什么？就是千方百计地追求上乘演技。"

曾经的无名小卒游本昌，靠着从未丧失斗争的勇气、从未放弃过对理想的追求，以及从未丧失对机会的渴望，终于在机会来临时将机会变成了成功。

现在你不妨想一想：你现在在等一个什么样的机会，或者说你希望出现一个什么样的机会？如果这个机会出现，你要稳稳地把握住还需要提高哪些能力、增加哪些资源？

你可以为你梦想中的机会所需要的支持列一个明细单，一项一项地去努力完善与提高。你要做到万事俱备，只欠机会的"东风"。

## 应该就在今天

一位富翁去世之后，将遗产全数留给了儿子，其中包括一处他几乎不去的别墅。有一天，他的儿子好奇地来到了这处别墅，想看看无人居住的别墅破败成了什么样子。

给他开门的是别墅的管家，一袭干净着装的管家没有见过富翁的儿子，只把他错当成了参观者，于是便很有礼貌地带富翁的

别在该吃苦的年纪选择安逸

儿子参观别墅。

富翁的儿子一边走一边问："您在这里住多久了?"

"有16年了。"管家答道。

"为什么没有看见你的主人?"富翁的儿子在试探管家。

"主人不住在这里,他很少过来。"管家回答道。

"那么就你一个人在这里生活吗?"富翁的儿子又问。

"是的。一直以来我都是一个人独自在这座城堡中的,即使是像您这样的陌生人也很少来。"管家说。

"可是你把别墅整理得井然有序,树木扶疏茂盛,好像等候主人明天驾临。"富翁的儿子好奇地说。

"先生,应该是今天! 我每天都认为主人会在今天莅临。"管家如此回答。

"是的,管家,主人今天就在你面前。"富翁的儿子说完,拿出了富翁的遗嘱,告诉他代表父亲接管这个花园。同时,为了表达对管家十多年如一日地照顾别墅的谢意,富翁的儿子将别墅赠送给了管家。

机会不常有,易失不易得,它往往就在你埋怨着这个世界对你不公,没有给你足够的机会,没有给一个伯乐,以至于自己在平庸中徒劳挣扎的时候从你的身边溜走。

但是管家没有,他十年如一日地用心努力着,终于赢得了机会。管家幸运吗? 不,他一点都不幸运,在他身上闪光的是坚持和希望。就像他自己说的那句话一样——应该在今天! 好好地把握住每一个今天,把每一个今天都做得有声有色。一旦你这样做,你将会看到:机会更垂青于自己。

　　人到三十，难免瞻前顾后，或者埋怨自己怎么那么倒霉没有遇到一个好的机会，或者悔恨自己怎么那么疏忽居然错过一个好的机会。其实，这些埋怨与悔恨的情绪大可不必。像那位管家一样，"生活在今天"，终会有意想不到的收获。

　　我们的时间是以光速飞驰的，过去了，就永远不会再拥有。生活是在一个只有今天的密封舱里，只有抓住了今天的 24 小时，机会女神才没办法从你手中逃走。那些功成名就的人物绝大多数都是孜孜不倦、勤勉不辍的工作者，他们充分利用了每天的光阴，或是学习，或是工作，进行自我提高。

# 机会是可以创造的

　　拿破仑虽然出身于科西嘉贵族，但只是徒有"贵族"之名而已，家境实在是贫困不堪。在少年时代，拿破仑的父亲把他送进了一个贵族学校，以便接受更好的教育。在这所贵族学校，到处游荡的公子哥儿喜欢攀比与夸耀谁富有，瞧不起那些穷苦的同学。这种对弱势小众的鄙视与讥讽，虽然引起了拿破仑的愤怒，但他却只能忍受。

　　后来他实在受不住了，就写信给父亲，说道："为了忍受这些外国孩子的嘲笑，我实在疲于解释我的贫困了，他们唯一高于我的便是金钱，至于说到高尚的思想，他们是远在我之下的。难道我应当在这些富有高傲的人之下谦卑下去吗？"

别在该吃苦的年纪选择安逸

"我们没有钱，但是你必须在那里读书。"这是他父亲的回答，因此使他忍受了五年的痛苦。但是每一种嘲笑、每一种欺侮、每一种轻视的态度，都使他增加了决心，发誓要做出一番成就。

等他到了部队时，拿破仑矮小的身材、瘦弱的体格，注定在部队依然只能默默地活在底层。他唯有埋头读书，去努力和别人竞争。在部队里，他脸无血色、孤寂、沉闷，但是他却不停地读书。他想象自己是一个总司令，将科西嘉岛的地图画出来，地图上清楚地指出哪些地方应当布置防范，这是用数学的方法精确地计算出来的。因此，他数学的才能获得了提高，这使他第一次有机会表示他能做什么。

终于，长官看见拿破仑的学问很好，给了他一个机会：在操练场上执行一些任务，这是需要极复杂的计算能力的。他的任务完成得非常棒，于是他又获得了新的机会……就这样，他一个台阶一个台阶地往上走，直到走成举世闻名的法国皇帝。

而那些从前嘲笑他的人，随着他的步步高升逐渐涌到他面前来，想分享一点他得的奖赏；从前轻视他的人，都以成为他的朋友为荣；从前揶揄他是一个矮小、无用、死用功的人，现在也都改为尊敬他、崇拜他。。

从一个破落的贵族子弟到法国皇帝，其中需要多少机会的桥梁！这些机会绝对不是从天上降下来的，而是他不停努力而创造出来的。他确实是聪明，他也确实是肯下功夫，还有一种力量比知识或努力同样重要，那就是他那种"卒子过河"的野心。

机会在于你没有机会时的持续努力，还在于你处心积虑地策划。机会是可以创造的。汉武帝即位后，在全国征集有才干的人，东方朔得到选拔录用。汉武帝命他当公车署待诏，职位很低、俸禄微薄。东方朔很想与汉武帝接近，显示自己的才华以期受到重用，于是他策划出了一个巧妙的计策。

一天，东方朔哄骗宫中看马的侏儒们，对他们说："你们一不能种好地；二不能疆场征战；三不能为国家出谋献策，留你们这些人只能是白白浪费粮食，又有什么用处呢？所以皇帝决定要杀掉你们。"

侏儒们听完东方朔的话，个个吓得面如土色，全都哭了起来。东方朔劝他们不要哭，应该想些办法。这些侏儒都用渴望的目光看着东方朔说："大人能有什么办法救我们不死吗？"东方朔教唆他们说："皇上就要从这里经过，你们何不叩头请罪，以求赦免呢。"

没过多久，皇帝果然前呼后拥地经过这里，侏儒们急忙跪在地上朝着皇上痛哭。皇上令手下人问原因，侏儒们回答："东方朔告诉我们，说皇上认为我们活在世上是无用之人，要将我们全部杀掉。"

皇上听后勃然大怒，生气于东方朔如此胆大妄为，散布谣言，当即令人传见东方朔，责问道："你为什么造朕的谣言，该当何罪？"

东方朔终于有了面见皇帝的机会，毫无惧色地说："我活也要说，死也要说。侏儒身高三尺，俸禄是一袋粟，钱是二百四十；臣东方朔身长九尺多，俸禄也是一袋粟，钱也是二百四十。侏儒吃得饱饱的，而我却饿得要命。如果臣东方朔说的都是实理的话，请用厚礼待我；如不可采纳，请皇上准许我回家，以免白吃长安的米。"

汉武帝听后哈哈大笑，弄明白了事情的来龙去脉，遂赦免了东方朔的死罪。不久，东方朔被任命为金马门待诏，得到了皇帝的重用。

东方朔这一招死里求生的上位术，真是运用得惊心动魄。想必其若没有吃准汉武帝胸怀求贤之心、大度之心，是绝对不会贸然行此招的。因此，我们在创造机会前，应该对整个事情进行一个评估，小心机会变成危机。就上面的案例来说，要是皇帝昏庸，不问三七二十一将东方朔处死的可能性极高。

所以，在现实生活中，我们不要成天哀叹没有实现自我价值的机会。一个真正有能力的人，不是单纯地依靠等待机会来显露能力，而是能用能力来创造机会再用能力来把握机会。可以这样说，一个不善于创造机会的人，不是一个有能力的人。

## 毛遂自荐争取机会

一个叫张黔的博士在进入微软时，由李开复主持面试。面试过程中，除了回答李开复的问题以外，张黔还在合适的时机提醒李开复说："我们还没有谈到某某方面的事情，而我觉得它对这个工作岗位很重要。"她所说的那个领域也正是她自己的强项。最后，当李开复问她有没有问题要问时，张黔问："你对我有没有什么顾虑？"当时，李开复对张黔能否进入新的研究领域有所疑虑，于是就进一步问张黔一些这方面的问题。张黔举出了两个很有说服力的例子。结果，李开复当即决定录用张黔。从众多应聘的卒子中脱颖而出后的张黔，进入了微软亚洲研究院这个宽广的舞台，并成为其中非常出色的中国博士，曾被 MIT 的《科技评论》评为"世界百名青年创新学者"之一。

如果你正在为缺少展示自己能力的机会而郁闷，或者因为总是扮演一些小角色而心有不甘，你不妨找一找自己有哪些强项，找出来，快运用到你的工作与交际中去。如果你对自己还没有一个准确的把握，不妨问自己两个问题：从小到大我做什么事情是最出色的？我的事业发展在今后最需要哪些能力？从这两个问题出发，培养自己的强项。只有把自己做强，才可能把自己做大。

当那些与你类似的"小人物"迟疑、退缩的时候，你应该信心十足地说："我可以表达自己的想法吗？""让我来试一试吧！""我相信我能做好！"如果对自己的能力还没有信心，那建议你什么都别说，去埋头苦练吧。

公元前 258 年，秦军包围赵国国都邯郸。赵王派平原君出使楚国，与楚联盟抗秦。平原君准备带领 20 名精明强干、文武兼备的门客跟随。他精心挑选一番，只选出了 19 名，再也选不出合适的人了。这时门客中有个叫毛遂的走上前来，向平原君自我推荐说："我听说您将要出使楚国，准备带家中门客 20 人，现在还缺一人，希望您就把我当成其中的一员吧。"

平原君说："先生到我的门下几年了？"

毛遂说："已经三年了。"

平原君说："有才能的人在处世上，就像是一把锥子放在口袋里一样，那锋利的锥尖很快就会透出来。如今先生在我的门下住了三年，可左右的人没有称颂你的，我赵胜也没有听说你呀。这似乎说明你没有什么才能，先生还是留在家里吧。"

毛遂说："我只是今天才请求你把我装进口袋里去罢了。假如我这只锥子早一点进口袋里，早就脱颖而出了，难道仅仅只是露一点锋芒吗？"

平原君觉得毛遂的话很有道理，便抱着试试看的心理答应带毛遂与其他 19 人同去楚国。

到了楚国，毛遂凭借自己的血性与智慧把楚王说服，为赵国立下奇功，也为自己挣来了莫大荣誉。

不要坐等伯乐上门，你若是千里马的话，就拿出毛遂自荐的勇气。不管是伯乐找到了千里马，还是千里马找到了伯乐，对于双方都是幸事。求贤若渴与怀才不遇从古至今都是相伴相生。哪怕是在资讯极其发达的今天，还是有不少人才找不到合适的位置，而同时不少位置又找不到理想的人才。

# 食指：相信未来

人生有快乐，也有苦闷；有浪漫，也有忧伤。当你对世界充满期待时，现实却如残忍嗜血的老狗，把你的梦想啃得千疮百孔，让你失望，让你消沉，甚至让你绝望。面对现实和理想的矛盾，如何解决？

唐代"诗仙"李白，才高八斗却在仕途上屡屡失意。在他人生最困顿的时候，他写下了千古名篇《行路难》，里面有一句脍炙人口的名句："长风破浪会有时，直挂云帆济沧海。"这句诗体现了作者相信未来，誓为理想而奋争的雄心壮志。诗人食指也曾用同样的信念与激情，写下了《相信未来》的醒世之作。

在 20 世纪 60 年代的中后期，一场史无前例的浩劫席卷中华大地——"文化大革命"开始并进入了高潮。疯狂的时代，令食指陷入了极度的迷惘和失望之中。现实环境的恶劣和内心理想的剧烈冲突，使他有撕心裂肺之痛。但年轻、热情、执着，又让诗人挣扎着摆脱现实的羁绊，憧憬着美好的未来。他在那段时间里，写下了许多坚毅感人的诗歌。其中，1968 年所写的《相信未来》，可谓其代表作。这种诗在阴云密布的时代，给人们的心灵上投下了一道希望之光。

下面，让我们来感悟一下这首诗中坚定的信念——

## 相信未来

当蜘蛛网无情地查封了我的炉台
当灰烬的余烟叹息着贫困的悲哀
我依然固执地铺平失望的灰烬
用美丽的雪花写下：相信未来
当我的紫葡萄化为深秋的露水
当我的鲜花依偎在别人的情怀
我依然固执地用凝霜的枯藤

别在该吃苦的年纪选择安逸

在凄凉的大地上写下：相信未来
我要用手指那涌向天边的排浪
我要用手掌那托住太阳的大海
摇曳着曙光那枝温暖漂亮的笔杆
用孩子的笔体写下：相信未来
我之所以坚定地相信未来
是我相信未来人们的眼睛
她有拨开历史风尘的睫毛
她有看透岁月篇章的瞳孔
不管人们对于我们腐烂的皮肉
那些迷途的惆怅、失败的苦痛
是寄予感动的热泪、深切的同情
还是给以轻蔑的微笑、辛辣的嘲讽
我坚信人们对于我们的脊骨
那无数次的探索、迷途、失败和成功
一定会给予热情、客观、公正的评定
是的，我焦急地等待着他们的评定
朋友，坚定地相信未来吧
相信不屈不挠的努力
相信战胜死亡的年轻
相信未来、热爱生命

——1968 年　北京

这首诗也许很多读者都读过。再多读一遍。好诗是伴你一生的挚友，读一次会有一次新的感悟，读一次会有一份新的力量。

即使身处看不到明天的绝境，也不要丧失对未来的希望。尽管"蜘蛛网无情地查封了我的炉台"，尽管"灰烬的余烟叹息着贫困悲哀"，让我们依然用"美丽的雪花"，用"孩子的笔体"写下"相信未来"。

人一旦相信未来，就会在一个更为宽广的时间维度里审视每一个苦难。纵是今日看似山一样沉重是"绝望"，在时间的长河里，终归会成为一粒沙尘。如此，思想不至于走进死胡同，心灵也不至于干涸枯死。

# 第七章　好运垂青勤于思考的人

世界上所有的计划、目标和成就，都是经过思考后的产物。你的思考能力，是你唯一能完全控制的东西，你可以用智慧或是愚蠢的方式运用你的思想，但无论你如何运用它，它都会显示出一定的力量。

很多时候，能给我们带来好运或霉运的是我们的思考。正确的思考带来正确的方向和方法，错误的思考带来错误的方向和方法，而怠于思考的人则如同大海中随波逐流的船完全听天由命。

# 方法得当方为强者

西方流行着一句十分有名的谚语，叫作"Use your head"（用用你的脑子），许多名人一生都谨记这句话，为人类解决了很多难题。

在现代社会里，每个人都在想尽一切办法来解决生活中发生的所有问题，而且，最终的强者也将是解决方法最得当的那部分人。

世界著名的电脑厂商 IBM 的前任总裁汤姆·华特森就是一个特别注重办事方法的人，而且他十分舍得花费时间和金钱来培训员工们思考问题想办法的能力。他曾对外界信誓旦旦地说："IBM每年员工教育训练费用的增长，必须超过公司营业额的增长。"事实也确实如此。

在全世界 IBM 管理人员的桌上，都会摆着一块金属板，上面写着"THINK"（想）。

这一字箴言，就是汤姆·华特森创造的。

1911 年 12 月，华特森还在 NCR（国际收银机公司）担任销售部门的高级主管。

有一天，寒风刺骨，淫雨霏霏，气氛沉闷，无人发言，大家逐渐显得焦躁不安。

华特森突然在黑板上写了一个很大的"THINK"，然后对大家说："我们共同的缺点是，对每一个问题没有充分思考，别忘了，我们都是靠动脑赚得薪水的。"

在场的 NCR 总裁约翰·巴达逊对"THINK"这一词大为赞赏，当天，这个词就成为 NCR 的座右铭。三年后，这个词随着华特森的离职，又变成了 IBM 的箴言。

其实，"THINK"是华特森从多年的推销经验中孕育出来的。

他在 1895 年进入 NCR 当推销员。他从公司的"推销手册"中学到许多推销的技巧，但理论与实际总有一段距离，所以他的业绩很不理想。

同事告诉他，推销不需要特别的才干，只要用脚去跑、用口去说就行了。华特森照做了，还是到处碰壁，业绩很差。

后来，他从困厄中慢慢体会出，推销除了用脚与口之外，还得靠脑。想通了这一点后，他的业绩大增。三年后，他成为 NCR 业绩最高的推销员。这就是"THINK"的由来。

德国著名数学家高斯，孩童时代的聪明早被传为佳话。小高斯和同学们在计算 1~100 之间的自然数之和时，都在用脑。小高斯用脑找了一条捷径，方法得当，不消几分钟就算出 5050 的正确答案；而其他人则用脑将一个又一个数字相加，费时费力得出的答案还较难保证不出错。这就是方法得当的力量。

# 做个思路清晰的人

不必是智商极高的那些人，只要智商中等，加上思路清晰，就可以成为聪明人。而思路清晰的思考源于思考方法的正确使用。一个思路清晰的人，能够让头脑做出最大限度的运转，借着正确的判断做出高明的决策。每个人若想获得成功，就必须学会思路清晰的思考习惯。

如何令自己成为一名思路清晰的幸运儿呢？虽然思考的过程是相当复杂的，但它基本上可分成四个阶段。若能仔细研究这些步骤，判断力必能获得相当的改善。

## 1. 找出问题核心

开始时必须了解问题的症结所在，否则将无法深入问题核心。有些人常常在定势思维的老路子上徘徊，总也做不出决定，原因就是没有找到问题的症结所在。犹如一道简单的数学题，如果不了解题的目的，就无法解题。

一个简单的例子，如果有人因为靴子磨脚，不去找鞋匠而去看医生，这就是不会处理问题，没有找到问题的核心。从这一点我们就可以理解，为什么说去掉枝节、直捣核心是最重要的步骤。否则，问题的本身和影子会扭成一团而理不清楚。有了问题时，就该想想这个例子，一定要把握住问题的核心。能够找出问题的核心，并简洁地归纳总结出来，问题就已解决一大半了。

## 2. 分析全部事实

在了解到真正的问题核心后，就要设法收集相关的资料和信息，然后进行深入的研讨和比较。应该有科学家搞科研那样审慎的态度。解决问题必须采用科学的方法，做判断或做决定都必须以事实为基础，同时，从各个角度来分辨事理也是必不可少的。

例如，现在有一个简单的问题，为了解决这个问题需要在备忘录上列出两栏，一栏分别列出每一种解决方案的好处，另一栏列出各种方案的弊端，同时把相关的事项全部记入。之后，就可以比较利害得失，做出正确的判断了。

一旦有关资料都齐备后，要做出正确的决定就容易多了。收集相关资料，对于理性思考的产生非常重要。

## 3. 谨慎做出决定

在做完比较和判断之后，很多人往往马上就做出结论，但如果时间允许，最好暂缓下结论，试着以一天的时间把它丢在一边，暂时忘掉。也就是说，在对各项事实做好评估之后，要给大脑一个缓冲时间。人在仓促之中，容易遗漏一些重要信息，思路也容易在不知不觉之中陷入偏执。

## 4. 小型试验在先

思考方案在付诸实施之前，必须先做小型试验，以求通过实践检验出自己思考得正确与否。

不妨先对一两个人或两三种情况做试验，这样就能了解想法和事实有无出入。如有不符之处，要立即修正。

做到这个地步，基本就算妥当了。经过以上的步骤，事实的评价、拟订计划、小型试验等，然后就可导入最后的决定。这样在无形中，就形成了一次思路清晰的思考过程。

# 头脑一定要保持清醒

行成于思，毁于随。人在任何环境、任何情形之下，都应该保持一个清醒的头脑，也就是要保持正确的判断力。当别人失去镇静手足无措时，你仍能保持着镇静；在旁人做着可笑的事情时，你仍然能保持着正确的判断力，能够经常这样做的人才算得上是真正的杰出人才。

一个易于慌乱、一遇意外事便手足无措的人，必定是那种思考不成熟的人，这种人不足以被交付重任。只有遇到意外情况时不慌乱的人，才能担当起大事。

在很多私人企业中，常能见到某个能力平平、业绩也不怎么出众的人担任着重要的职位，他的同事们对此总感到不平。但他们不知道，雇主在选择重要职位的人选时，并不只是考虑职员的才能，更要考虑到头脑的清晰、性情的敦厚和判断力的健全。他们深知，自己企业的稳步发展，全赖于职员的办事镇定和具有良好的判断力。

一个头脑镇静的优秀人物，不会因境地的改变而有所动摇。经济上的损失、事业上的失败、环境的艰难困苦都不能使他失去常态，因为他是头脑镇静、信仰坚定的人。同样，事业上的繁荣与成功，也不会使他骄傲轻狂，因为他安身立命的基础是牢靠的。

在任何情况下，做事之前都应该有所准备，要脚踏实地、未雨绸缪，否则，一旦困难临头，就会慌乱起来。当大家都慌乱而你能保持镇定时，良好的心态就给予你极大的力量，你就具有很大的优势。在整个社会中，只有那些处事镇定、无论遇到什么风浪都不慌乱的人，才能应付得起大事，才能成就大事。而那些情绪不稳、时常动摇、缺乏自信、危机一到便掉头就走、一遇困难就失去主意的人，一辈子只能过着一种庸庸碌碌的生活。

无论风浪多么狂暴、波涛多么汹涌，那矗立在海洋中的冰山仍然岿然不动，好像没有被波浪撞击一样。这是为什么呢？原来冰山庞大躯体的7/8都隐藏在海面之下，稳当、坚实地扎在海水中，这样就无法被水面上波涛的撞击所撼动。

思维上的平稳与镇静是思想成熟的结果。一个思想偏激、思维片面的人，即使在某个方面有着特殊的才能，也总不如那种有成熟思想的人来得好。思维的片面发展，犹如一棵树的养料全被某一枝条吸去，那根枝条固然发育得很好，但树的其余部分却萎缩了。

许多才华横溢的人也曾做出过种种不可理喻的事情来，这可能是因为判断力一时失误的缘故，但这并不妨碍他们一生的前程。

而一个人一旦到了头脑不清楚、判断力不健全的阶段，那么往往终其一生事业都不会有所进展，因为他无法赢得其他人的信任，也不可能处理好各种事务。

如果你想做个能得到他人信任的人，就要让自己的头脑学会清晰思考、准确判断，努力做到件件事都冷静对待、处理得当。

有些人做事时，尤其是做琐碎的小事时，往往敷衍了事，本来应该做得很好，可是他们却随随便便，这样无疑在减少他们成为优秀人物的可能性。还有些人一旦遇到了困难，往往不加以周密的判断，而是贪图方便，草率了事，使困难不能得到圆满解决，同样，他们也成不了优秀人物。

如果你能常常使自己去做那些应该做的事情，而且竭尽全力去做，不受制于贪图安逸的惰性，那么你的品格与判断力，必定会大大地增进。而你自然也会为人们所承认，成为"头脑清晰、判断准确"的优秀人才。

# 多运用逻辑思维能力

思维是人类所独有的一种精神活动，而逻辑思维几乎是人类才有的智能，绝大多数动物是不具备的。

从清晨的第一缕曙光悄然探进窗口时起，我们就启动了我们的思维活动。它帮我们理清思绪，制订出一天的工作学习计划，帮我们分清轻重缓急，使我们在繁忙的一天当中，能有条不紊地、高效率地做出成绩。

我们对待任何事情，都要讲究方式方法，做到使用得当，使其发挥出更大的作用来。思维也是如此，虽然人人都具有，但因每个人运用的方式方法不同，所取得的效果也截然不同。

所以，正确、妥当地运用逻辑思维能力，能透过许多事物的表象，像千里眼一样，看得远，而且一下洞穿其本质；运用得不当，不但分析、判断不清楚，推理也会背离逻辑，弄得不好，还会搞出令人啼笑皆非的笑话来。

有两位美国专家，一起去埃及参观金字塔，白天游玩了一整天，晚上就早早地住在了一个小镇上。

甲专家留在房间里专注地写日记，乙专家则独自一人到夜市去溜达。闲逛中，他无意间发现路旁有一位老太太在卖一只黑色的玩具猫，据老太太讲，这"猫"是她的祖传之物，若不是孙子得了急病无钱医治，还真舍不得拿出来卖呢。

"那多少钱？"

"500元。"

乙专家漫不经心地把玩着玩具猫，突然他的眼睛一亮，他发现了什么？原来玩具猫的两只眼睛是两颗巨大的珍珠做的。于是，他还价300元就买"猫"的两只眼睛，老太太因为急着用钱便勉强同意了。

乙专家把"猫眼"带回旅馆，眉飞色舞地向甲专家介绍了得宝经过。甲专家听完，连忙放下手中的笔，赶去用200元买回了那只无"眼"的"猫"。

乙专家讥笑甲专家太傻，花200元买一只铸铁的"猫"，太不划算了。

甲专家不理睬他的唠叨，取出一把水果刀，轻轻朝"猫"的身上一刮，立时一缕灿烂的金光骤然迸射。他大喜地叫道："果然不出我的所料，这只'猫'是用黄金制作的。"

这时乙专家十分懊悔，自己为什么刚才不连同"猫"一起买回来呢？同时，他又有些想不通，于是问甲专家："你怎么确定它是用黄金制成的呢？"

甲专家回答说："你这个人虽然知识渊博，但不善于想象。你怎么不动动脑筋，既然'猫'的眼睛是用珍贵的珍珠做成的，它的身子怎么会用不值钱的铸铁打造呢？"

事实上，乙专家只是用常人的定势思维进行了分析判断，他得出的结果是一个整"猫"才卖500元，仅花300元买两只珍珠做的眼睛是很划算的。于是便乘兴而返。

甲专家却是利用思维进行逻辑推理：既然"猫"的眼睛是用珍珠做成的，那么，"猫"的身体绝不会是用铸铁打造的。尽管它通体漆黑，与一般的铸铁无异。但两颗珍珠镶嵌在铸铁这个普通物件上显然是不合逻辑的。结果他捧回了一只金"猫"。不应说他值得花这200元，而应说他确实独具慧眼。

无独有偶，我国宋代大文豪欧阳修在他所著的《日知录》里，也给我们讲了一个非常有趣的故事。

洛阳城里有个非常富有的人，名叫钱思公。此人生性节俭，从不肯轻易多花一文钱。就连对他的几个儿子也是如此，除非逢年过节，休想得到一点零花钱。钱思公家里珍藏着一个用珊瑚做成的笔架，笔架雕工精细、小巧玲珑，深得钱思公的喜爱，每天他都要细心地把玩一番，两眼只要一盯上它，就会闪闪放光。不知从哪天起他的笔架突然不翼而飞了，他便情绪不宁，坐卧不安。在万般无奈下，他只好咬着牙悬赏一万枚钱寻找。

他的几个宝贝儿子很快就摸准了老爸的脉，哪个缺钱花了，就去偷偷地将笔架藏起来，钱思公一日不见笔架便会六神无主，马上又悬赏一万枚钱，笔架便被那个儿子给找回来，而那一万枚钱自然就落入了儿子的腰包。

过一段时间，有哪个儿子手头紧巴了，又会如法炮制一番。

总之，这样的事情，在钱思公家里一年要发生六七次。

这个可怜的钱思公，见只要有赏钱可出，笔架就会失而复得，也从未往深里想。

但这个故事告诉我们，一定要善于利用自己的逻辑思维能力，就像孙悟空有双火眼金睛一样，能够透过各种扑朔迷离的假象，洞悉事物的本质，为自己做出正确的决策提供最为可靠的依据，使成功显得轻而易举。反之，不但一叶障目，满眼迷乱，而且在遭受失败的同时，还会授人以笑柄。

# 莫将简单问题复杂化

人们往往容易把一些极简单的事情复杂化，越是研究它，越觉得战胜它们需要所谓勇气、所谓坚持，这样它们就越复杂。实际上，很多时候，解决某些问题只需一个简单的意念，一个直觉，并且只要按照自己的直觉去做，就能把自己从令人身心俱惫的思想纠缠中解救出来——看到问题的根本，原来事情就这么简单。

某国捐赠了两只袋鼠给另一国的一个动物园。为了好好哺育它们并使其繁殖更多的袋鼠，园方咨询了动物专家，然后耗资兴建了一个既舒适又宽敞的围场，同时，园方又筑了一个一米高的篱笆，以免袋鼠跳出去逃走。奇怪的是，第二天早上动物管理员却发现两只袋鼠在围场外吃着青草。刚开始，园方以为是篱笆不够牢固，但是他们围绕着篱笆找了一圈，也没看见有别的出口。后来他们又认为是篱笆的高度不够，所以将篱笆加高了0.5米，心想这下没问题了。但是，第三天早上又看见袋鼠们在围场外悠闲地吃草。管理员十分纳闷，只好再建议园方将篱笆增高到2米。但让管理员吃惊的是，第四天早上，袋鼠仍旧跑到篱笆外去了。

园方百思不得其解。这时，隔壁围场的长颈鹿忍不住问其中一只袋鼠说："你猜他们明天还会把篱笆加高多少？"

袋鼠笑着回答说："这很难说，如果他们还是忘记关上篱笆门的话！"

世界上许多事原本都很简单，却因为人们复杂的思维模式而变得复杂了。他们和这些复杂问题不断斗争，并且依据各种理论、各种经验用一些他们自己也不明确的方法来解决问题。实际上，解决这些复杂问题的最好方法就是运用简单的思维。

一个农民从洪水中救起了他的妻子，他的孩子却被淹死了。事后，人们议论纷纷。有人说他做得对，因为孩子可以再生一个，妻子却不能死而复活。有人说他做错了，因为妻子可以另娶一个，孩子却没法儿死而复活。

哲学家听说了这个故事，也感到疑惑难决，他便去问农民。农民告诉他，他救人时什么也没想。洪水袭来，妻子在他身边，他抓起妻子就往山坡上游，待返回时，孩子已被洪水冲走了。

假如这个农民将这个先救谁的问题复杂化，事情的结果又会是怎样呢？

洪水袭来了，妻子和孩子都被卷进漩涡，片刻之间就要没命了，而这个农民还在山坡上进行着抉择，救妻子重要呢，还是救孩子重要？也许等不到农民继续往下想救妻子还是救孩子的利弊，洪水就把他的妻儿都冲走了。

人们经常把一件事情看得非常复杂，在做事之前前思后想，再三权衡利弊，结果，等到想好了去做的时候，早已时过境迁，机会也已经没有了。

问题就出在"把一切复杂化"上，这样就有意无意地给自己设置了许多"圈套"，在其中钻来钻去，殊不知解决问题的方法反而在这些"圈套"之外。

把复杂的问题简单化，用简单的思维解决问题，很多时候说起来简单，做起来却不是那么容易，因为简单也是一种智慧，简单也是一种境界。

在工作与生活中，我们经常会遇到一些不好解决的问题，一般人往往会被问题复杂的表面现象所困扰，更甚的是把简单的问题复杂化，问题尚未解决先令自己头大三圈，浪费了不少的资源，而结果却是徒劳无功。所以，解决问题最忌讳的就是把直接、简单的事情变得复杂化，这样问题反而会难以解决，严重影响办事的效果与效率。

# 遇事三思而后行

人们对事物的认识还会受时间、空间的局限而变得繁杂，而我们面对的又是变化的、运动着的世界，因此，我们经常会遇到因考虑不周、鲁莽行动而造成损失的情况，所以遇事不仅要把问题简化处理，有时也要"三思而后行"。要知道，许多矛盾和问题的产生，都是冲动、未经深思熟虑的结果。

冲动的情绪往往是由于对事物及其利弊关系缺乏周密的思考而引起的，在遇到与自己的主观意向发生冲突的事情时，若能先冷静地想一想，不仓促行事，就会冲动不起来，事情的结果也就会大不一样了。

石达开是太平天国首批"封王"中最年轻的军事将领，在太平天国金田起义之后向金陵进军的途中，石达开一直为开路先锋，他逢山开路，遇水搭桥，攻城夺镇，所向披靡，号称"石敢当"。太平天国建都天京后，他同杨秀清、韦昌辉等同为洪秀全的重要辅臣。后来又在西征战场上，大败湘军，迫使曾国藩又气又羞又急，欲投水寻死。在"天京事变"中，他又支持洪秀全平定韦昌辉的叛乱，成为洪秀全的首辅大臣。

但是，就在这之后不久，石达开却独自率领20万大军出走天京，与洪秀全分手，最后在四川大渡河全军覆没，他本人亦惨遭清军将领骆秉章凌迟。石达开出走和失败的历史就是典型鲁莽行动的体现，足以使后人深思。

1857年6月2日，石达开率部由天京雨花台向安庆进军，出走的原因据石达开的布告中说是因"圣君"不明，即责怪洪秀全用频繁的诏旨来牵制他的行动，并对他"重重生疑虑"，以致发展到有加害石达开之意，这就使二人之间的矛盾白热化了。

而当时要解决这一日益尖锐的矛盾有三种办法可行：一种办

法是石达开委曲求全，但在当时已不可能，心胸狭窄的洪秀全已不能容忍石达开；一种是急流勇退，解印弃官来消除洪秀全对他的疑惑，但这也很难，因为当时形势已近水火，如石达开真要解职的话恐怕连自己性命都难保；第三种是诛洪自代，谋士张遂谋曾经提醒石达开吸取刘邦诛韩信的教训，面对险境，应该推翻洪秀全的统治，自立为王。

按当时的实际情况看，第三种办法应该是较好的出路，因为形势的发展实际上已摒弃了像洪秀全那样相形见绌的领袖，需要一个像石达开那样的新的领袖来维系。但是，石达开的弱点就是中国传统的"忠君思想"，他愚忠地讲仁慈、讲信义，对谋士的回答是"予唯知效忠天王，守其臣节"。

因此，石达开认为率部出走才是其最佳方案。这样既可打着太平天国的旗号，进行从事推翻清朝的活动，又可避开和洪秀全的矛盾。而石达开率大军到安庆后，如果按照原来"分而不裂"的初衷，本可以将此地作为根据地，向周围扩充。安庆离南京不远，还可以互为声援，减轻清军对天京的压力，又不会失去石达开原在天京军民心目中的地位。这是石达开完全可以做到的。但是，石达开却没有这样做，而是决心和洪秀全分道扬镳，彻底决裂，舍近而求远，独去四川自立门户。

历史证明这一决策完全错了。石达开虽拥有 20 万大军，英勇决战江西、浙江、福建等 12 个省，震撼半个中国，历时 7 年，表现了高度的坚韧性，但最后仍免不了一败涂地。

1863 年 6 月 11 日，石达开部被清军围困在利济堡，石达开决定用自己一人之生命换取部队的安全，这是他的又一个决策失误。

当石军中部属知道主帅"决降，多自溃败"时，已溃不成军了。此时，清军又采取措施，把石达开及其部属押送过河，通过船运达到把石达开和2000多解甲的战士分开的目的。这一举动，顿使石达开猛醒过来，他意识到诈降计拙，暗自悔恨。

回顾石达开的失败，主要是个人决策的失误，他不自量力的行动，决定了他出走后不可能有什么大的作为。

所以，当我们在做决定时，常会犯一个老毛病，就是"不自量力"地做一些吃力不讨好，甚至"赔了夫人又折兵"的事情。因此，在面临做决定时，首先，应先问问自己，做出这个决定到底是为什么？有什么目的？如果做此决定会产生何种后果？这样便能促使你三思而后行，避免冲动。其次，还要锻炼自制力，尽力做到处变不惊、宽以待人，不要遇到矛盾就"兵戎相见"，像个"易燃品"，见火就着。倘若你是个"急性子"，更应学会自我控制，遇事时要学会变"热处理"为"冷处理"，考虑过各个选项的利弊得失后再做出决定。

# 在创新中找到捷径

创新不只是科学家和学者的专利，创新思维和创新能力谁都可以培养出，每一个人都有创新的潜能。最大限度地释放我们大脑的创新潜能，在不断地创新中走出一条与众不同的捷径，是决胜竞争时代的法宝。

别在该吃苦的年纪选择安逸

　　成大事者必须时刻学会自己去摒弃因循守旧的做法，创新求变才会有真正的成功。我们当中有一些人常常抱怨自己的脑子太笨，这是因为他们不善于开动脑筋，总是让自己在过去的思维模式中僵化着。

　　一切创新都是智慧的产物，它的本质是不因循守旧，是独辟蹊径。众口铄金，三人成虎，跟着别人的思路跑是不会创出什么新意来的。英国的布莱克说："独辟蹊径才能创造出伟大的业绩，在街道上挤来挤去不会有所作为。"这句话对每个有志于培养自己智慧的人来说，当属至理名言。

　　好莱坞大导演史蒂芬·斯皮尔伯格，生长在充满暴力、变数、不安及恐惧的 20 世纪 60 年代的美国——当时肯尼迪总统被刺身亡，震惊朝野，粉碎了不少美国人对未来所向往的美好愿望。接着一连串挥之不去的梦魇又接踵而至，如侵越战争、水门事件、中东战争——诸多的不顺，使得社会也起了连锁反应，人们对未来没有信心，部分人选择了颓废与放弃，借毒品麻醉自己。而不愿颓废的激进派，则选择了社会运动来发泄自己的不满，反战示威等社会运动接连不断。

　　在这期间，一些反映时事的电影，如《越战猎鹿人》《现代启示录》《归乡》等陆续登场，当时电影中笼罩的灰色气氛，让人更喘不过气来。

　　这时，史蒂芬·斯皮尔伯格却正孕育着不同的思维，跳脱了好莱坞电影传统的风格，企图以说故事的形态，将观众带领到一个光与影交替、过滤了不安与无奈的梦想世界——他企图以爱唤起人们对人生的信心。这就使得他更先别人一步进入了人们的内心，也从而奠定了成功的基础。

他完全突破了传统电影的制作、拍片手法，许多不可能的事在他的电影中一一成为事实。

斯皮尔伯格所制作或导演的电影，不但叫好也叫座，同时获得票房与艺术的肯定，并为全世界的影迷所喜爱。他成功了，那是因为他懂得求新、求变，并且不顺应潮流的思维观念，适时创新及突破。

他的制作与导演的技巧，带领着好莱坞电影走进高科技与艺术的最高境界，不但为好莱坞电影的历史添上了辉煌的一页，更成为近年来电影制作上的一股新潮流。

史蒂芬·斯皮尔伯格所执导的电影，如《大白鲨》《侏罗纪公园》《夺宝奇兵》《外星人》《回到未来》《紫色姊妹花》《直到永远》《辛德勒名单》等，每一部片子都创下了电影史上最卖座的票房纪录。

1998 年的巨作《彗星撞地球》，还未上演就造成了轰动。观众引颈期盼，都希望早日能够看到此片。这是斯皮尔伯格"梦工厂"的第一部科幻灾难影片，片中描写地球面临着一场有史以来最大的劫难，彗星与地球相撞，引发了一场无可挽回的空前大灾难。

斯皮尔伯格跳出了现在的时空观念，以逆向思维的虚拟方式，来假设地球和彗星相撞的情景。片中以极高超的电脑模拟场景与电脑科技特效，制造了电影史上史无前例的灾情写真，过程紧张，扣人心弦，观众仿佛置身于灾难之中，觉得回味无穷。

抛开其他因素，单说斯皮尔伯格的这种求新求变的思维，可说是他成功的最大原因，在其他导演始终引导观众周旋在传统风格的旋涡之中时，斯皮尔伯格却以崭新的导演手法、独特的故事结构，引领观众跳出了这个旋涡，引导了一个新的电影潮流，建造了一种让人心动，又不惧怕自然灾难的美国式英雄主义。

# 第八章　有一种吃苦叫坚持

　　哪怕是一件小事，长期坚持也是很辛苦的。古希腊著名的哲学家苏格拉底，有一天上课的时候给学生布置了一个作业。作业内容很简单，就是每天甩100下手。过了一个星期之后，苏格拉底问学生，有多少人每天都做。其中百分之九十的人都坚持了下来。又过了一个月，苏格拉底再问学生，只剩下百分之五十的人还在坚持。一年之后，他又问，这一次所有学生里只剩下一个人坚持了下来，这个人就是柏拉图。

　　坚持不懈，是任何一个领域内想要获得胜利的人都必须具备的品质。

# 每天进步一点点

据说，世界上只有两种动物能够登上埃菲尔铁塔，一种是老鹰，一种是蜗牛。它们是如此不同，老鹰矫健、敏捷，蜗牛弱小、迟钝，可是蜗牛仍然与老鹰一样能够到达埃菲尔铁塔顶端，它凭的就是永不停息的执着精神！

每天进步一点点，听起来好像没有冲天的气魄，没有诱人的硕果，没有轰动的声势，可细细地琢磨一下：每天，进步，一点点，那简直又是在默默地创造一个料想不到的奇迹，在不动声色中酝酿一个真实感人的神话。

法国的一个童话故事中有一道小智力题：荷塘里有一片荷叶，它每天会增长一倍。假使 30 天会长满整个荷塘，请问第 28 天，荷塘里有多少荷叶？答案要从后往前推，即有四分之一荷塘的荷叶。这时，假使你站在荷塘的对岸，你会发现荷叶是那样的少，似乎只有那么一点点，但是，第 29 天就会占满一半，第 30 天就会长满整个荷塘。

正像荷叶长满荷塘的整个过程，荷叶每天变化的速度都是一样的，可是前面花了漫长的 28 天，我们能看到的荷叶都只有那一个小小的角落。在追求成功的过程中，即使我们每天都在进步，然而，前面那漫长的"28 天"因无法让人"享受"到结果，常常令人难以忍受。人们常常只对"第 29 天"的曙光与"第 30 天"的结果感兴趣，却忽略了"28 天"细微的进步、努力与坚持。

聚沙成塔，集腋成裘。大厦是由一砖一瓦堆砌而成的，比赛是一分一分地赢得的。每一个重大的成就，都是由一系列小成绩累积而成。如果我们留心那些貌似一鸣惊人者的人生，就会发现他们"惊人"并非一时的神来之笔，而是源于事先长时间的、一点一滴的努力与进步。成功是能量聚积到临界程度后自然爆发的成果，绝非一朝一夕之功。一个人眼界的拓展、学识的提高、能力的长进、良好习惯的形成、工作成绩的取得，都是一个持续努力、逐步积累的过程，是"每天进步一点点"的总和。

每天进步一点点，贵在每天，难在坚持。"逆水行舟用力撑，一篙松劲退千寻"。要"每天进步一点点"，就要耐得住寂寞，不因收获不大而心浮气躁，不为目标尚远而轻易动摇，而应具有持之以恒的韧劲；就要顶得住压力，不因面临障碍而畏惧退缩，不为遇到挫折而垂头丧气，而应具有攻坚克难的勇气；还要抗得住干扰，不因灯红酒绿而分心走神，不为冷嘲热讽而犹豫停顿，而应有专心致志的定力。

洛杉矶湖人队的前教练派特·雷利在湖人队最低潮时，告诉球队的 12 名队员说："今年我们只要求每人比去年进步 1%就好，有没有问题？"球员一听："才 1%，太容易了！"于是，在罚球、抢篮板、助攻、抄截、防守一共五方面每个人都有所进步，结果那一年湖人队居然得了冠军，而且是最容易的一年。

不积跬步，无以至千里。让自己每天进步 1%，只要你每天进步 1%，你就不必担心自己不快速成长。

在每晚临睡前，不妨自我反思一下：今天我学到了什么？我有什么做错的事？有什么做对的事？假如明天要得到理想中的结果，有哪些错绝对不能再犯？

反思完这些问题，你就会比昨天进步 1%。无止境的进步，就是你人生不断卓越的基础。

你在人生中的各方面也应该照这个方法做，持续不断地每天进步 1%，长期下来，你一定会有一个高品质的人生。

不用一次大幅度地进步，一点点就够了。不要小看这一点点，每天小小的改变积累下来会有大大的不同。而很多人在一生当中，连这一点进步都不一定做得到。人生的差别就在这一点点之间，如果你每天比别人差一点点，几年下来，就会差一大截。

如果你将这个信念用于自我成长上，百分百地会有 180 度的大转变，除非你不去做。

# 养成每天学习的习惯

知识和才干的增长，不是一朝一夕的事，只有养成每天学习的习惯，才会有不菲的收获。美国人埃利胡·布里特 16 岁那年，他的父亲就离开了人世。于是，他不得不到本村的一个铁匠铺当学徒。每天，他都得在炼炉边工作 10~12 个小时。但是，这个勤奋的小伙子却一边拉着风箱，一边在脑海里紧张地进行着复杂的算术运算。他经常到伍斯特的图书馆阅览那里丰富的藏书。在他当时所记的日记中，就有这样的一些条目：

6月18日，星期一，头痛难忍，坚持看了40页的居维叶的《土壤论》、64页法语、11课时的冶金知识。

6月19日，星期二，看了60行的希伯来语、30行的丹麦语、10行的波希米亚语、9行的波兰语、15个星座的名字、10课时的冶金知识。

6月20日，星期三，看了25行希伯来语、8行叙利亚语、11课时的冶金知识。

终其一生，布里特精通了18门语言，掌握了32种方言。他被人尊称为"学识最为渊博的铁匠"，并名垂史册。

东晋初的《抱朴子》中曾这样说："周公这样至高无上的圣人，每天仍坚持读书百篇；孔子这样的天才，读书读到'韦编三编'；墨翟这样的大贤，出行时装载着成车的书；董仲舒名扬当世，仍闭门读书，三年不往园子里望一眼；倪宽带经耕耘，一边种田，一边读书；路温舒截蒲草抄书苦读；黄霸在狱中还从夏侯胜学习，宁越日夜勤读以求15年完成他人30年的学业……详读六经，研究百世，才知道没有知识是很可怜的。不学习而想求知，正如想求鱼而无网，心虽想而做不到。"

刘子又说："吴地产劲竹，没有箭头和羽毛成不了好箭；越土产利剑，但是没经过淬火和磨砺也是不行的；人性聪慧，但没有努力学习，必成不了大事。孔夫子临死之时，手里还拿着书；董仲舒弥留之际，口中还在不停诵读。他们这样的圣贤还这样好学不倦，何况常人怎可松懈怠惰呢？"

悬梁刺股、凿壁借光、燃薪夜读、粘壁读书、编蒲抄书、负薪苦读、隔篱听讲、织帘诵书、映雪读书、囊萤苦读、丰编三绝、手不释卷、发愤图强、闻鸡起舞……这些流芳百世的勤学苦读的典范和榜样，仍将激励后人，光照千古。

让我们做一个粗略的计算，按照中等阅读速度每分钟读 400字，假如每天抽出 15 分钟的时间用于学习，可以读 6000 字；如果能够抽出 30 分钟，则可读 1.2 万字。即使只按 15 分钟计算，一个月下来你就看了 18 万字，一年下来就是 200 多万字，这差不多是 3000 多页的书；若按一本书 20 万字计算，每天读书 15 分钟，一年就可以读十多本书，这个数目已相当可观。

如果每天有 1 小时用于读书，能读 24000 字，一周 7 天读168000 字，一个月可读 720000 字，一年的阅读量可达 800000 字，相当于 20 万字的书 40 多本。

威廉·奥斯罗爵士是美国当代最伟大的内科医生之一。他的杰出成就不仅在于他精深的专业知识和技能，而且因为他具备各方面的渊博知识。他非常重视提高自身文化素养，也很清楚了解人类杰出成就的最好途径就是阅读前人留下的文字。但是，奥斯罗有着比别人大得多的困难。他不仅是工作繁忙的内科医生，同时，他还得任教、进行医学研究，除了少得可怜的吃饭、睡觉时间，他的大多数时间都浸泡在这三种工作中。

奥斯罗自有他的解决办法。他强迫自己每天必须读书 15 分钟，不管如何疲劳、难受，睡觉之前的 15 分钟必须用来看书。即使有时研究工作进行到夜间 2 点，他也会读到 2 点 15 分。坚持一段时间后，他如果不读上 15 分钟就简直无法入睡。

在这种坚持下，奥斯罗读了数量相当可观的书籍。除了专业知识之外，他在其他方面的才学亦十分全面，这种趋于完美的知识结构使他能够充分发挥其他业余爱好，并皆有所成。

高尔基曾说："书籍是人类进步的阶梯。"对于这个"阶梯"的理解，应该是人们一生的经历有限，不可能每件事情都通过自己的行动来获得知识，那么就只能依靠书籍。书籍是人类知识的载体，它记录了人类千百年来的每一点进步。通过阅读不同的书籍，掌握各个时期、不同领域的知识，这就是读书的真理。一个没有书籍、杂志、报纸的家庭，是缺乏动力的。人们只有通过经常接触书本，才能对学习产生兴趣，才能在不知不觉中增长各种各样的知识，才能不与社会脱节。

# 因为坚信，所以坚持

日拱一卒，似乎并不难，但很多人做不到。比方说，你每天花 10 分钟看书，没有什么困难，但要一年 365 天每天如此，就有很多人做不到。我们常常为那些经历九九八十一难终于修成正果的人而惊叹。当一个又一个的难关摆在面前，需要多么大的毅力才能坚持走下去啊。

一个人能坚持到执着，坚持到在磨难与非议中义无反顾，其心中的强大支柱来自坚信。因为坚信自己选择的路没有错，所以才能够风雨无阻。

作为当今 IT 界的王者，草根创业英雄马云可谓小人物们的榜样。马云没有家庭后台，没有名校学历和海归背景，甚至连长相与身高都没有优势——媒体委婉地称他"长得很童话"，而他的个头与拿破仑相当。就这么一个普通得不能再普通的人，居然一手成功缔造了阿里巴巴与淘宝。

我们都知道在那个阿里巴巴与四十大盗的童话中，阿里巴巴口念"芝麻开门"就可以开启强盗的宝库。现实中的阿里巴巴同样充满传奇色彩，每一次芝麻开门都是那么激动人心。1999 年 3 月，马云的阿里巴巴在自己家里呱呱诞生。八年后的 2007 年，在胡润推出的中国大陆财富榜上，马云的财富为 50 亿人民币。

阿里巴巴有今天的成功和财富，离不开"坚持"。而坚持来自坚信。马云首先坚信的是自己的能力，无论媒体是如何"贬损"马云的外表，都无损于他自信、睿智、能干的强者形象。同时，他还坚信自己选择的事业方向是正确的。马云说，他从创业之初就坚信电子商务一定会走出来。"如果说当时我就知道自己的电子商务能够发展成今天的规模，那我肯定是在吹牛。但是，我相信它会发展。而且我一直坚持着。"马云"坚信互联网会影响中国、改变中国；坚信中国可以发展电子商务；也相信电子商务要发展，必须先让网商富起来"。在"相信自己"这一点上，马云对年轻人的建议是这样的："人必须有自己坚信不疑的事情，没有坚信不疑的事情，那你不会走下去的，你开始坚信了一点点，会越做越有意思。"

马云创办了阿里巴巴后的第二年，也就是 2000 年，网络经济泡沫破灭，互联网企业陷入了低谷。那时的阿里巴巴也未能幸免，人心浮躁，人员流失，阿里巴巴在美国的办事处和国内一些地区的办事机构也相继关闭。马云后来回忆当时的心情："互联网能走多久，这些想法到底是天真还是狂话？到了最冷的冬天大家觉得这个公司不可能走下去，那时的压力太大了。"这是一段最困难的时期，现实的浮躁、对未来的迷茫以及员工的不理解，马云陷入低谷。一次会议之后，马云在长安街上黯然走了15分钟。马云说："坚持到底就是胜利，如果所有的网络公司都要死的话，我们希望我们是最后一个死的。"

在一次电视访谈中，马云有过一番这样的讲演："做人的道理我不敢讲得太多，但我自己这么看，我觉得今天很残酷的，明天更残酷，后天很美好。绝大部分的人都是在明天晚上死掉的，见不到后天的太阳。所以我们这些人如果你希望成功的话，你每天要非常努力，活好今天，你才能度到明天，过了明天你才能见到后天的太阳。"

在互联网经历寒冬的时候，很多人在逃难。就连马云团队里的一些人也产生了动摇，纷纷出去另谋出路。马云认为当年从他的公司里逃难的人都是"聪明人"，只有一批傻子坚持和他在一起。聪明人与后来的财富擦肩而过，财富青睐的是坚持到底的傻子。成功路上无止境。为了后天的太阳，傻傻的马云仍在坚持着，追逐着。

马云的坚持让他以及他的"傻子"团队收获了什么呢？2019年12月，阿里巴巴港股市值超四万亿港元，美股市值超五千亿美元。跟随马云的元老们，都拥有或多或少的股份。这些股份，哪怕最终只有 0.01%，都是一个超级富豪。马云对那些实现财富自由的下属们说："大家有今天的财富，全在于坚持。有时候傻坚持都比不坚持好。"

# 不苟且地坚持下去

在你为了一个高远目标一点点努力时，难免有些人会讥笑你是"癞蛤蟆想吃天鹅肉"，属于不自量力痴人说梦。一个人打击你，或许没有什么；十个人打击你，有点动摇了吧；百个人打击你呢？

其实，别人劝阻或讥笑你的追梦，也并非想害你。相反，绝大多数还是于与善意，打着各种好听的旗号。"相信我，你走的那条路行不通，别浪费自己的精力了。"他们会这么说。

有一则寓言，说的是一群动物举办了一场攀爬埃菲尔铁塔的比赛，谁先爬上塔顶谁就获胜。很多善于攀爬的动物参加了比赛，更多的动物围着铁塔看比赛，给它们加油。作为比赛的裁判，老鹰早早地飞上塔顶。比赛开始了，所有的动物没有谁相信参赛的动物能够到达塔顶，它们都在议论："这太难了!! 它们肯定到不了塔顶!"听到这些，一只又一只的参赛动物开始泄气了，除了那些情绪高涨的几只还在往上爬。下面的动物继续喊着："这个塔太高了! 没有谁能爬上顶的!"越来越多的动物累坏了，退出了比赛，只有一只蜗牛还在越爬越高，一点没有放弃的意思。

最后，那只蜗牛费了很长的时间，终于成为唯一一个到达塔顶的胜利者。夺冠的蜗牛下来后，得到了很多的掌声。有一只小猴子跑上前去，问蜗牛哪来那么大的毅力跑完全程。谁知道蜗牛一问三不知——原来，这只蜗牛是个聋子。

这个寓言要表达的意思是：不要轻易地被别人的指指点点妨碍了自己的脚步。根据研究，那些白手起家的百万富翁都有一种有趣的"免疫系统"——很强的心理承受能力。他们有一种后天获得的挫败恶意批评者过激言论的心理盔甲。这些百万富翁，总是漠视各种批评者和权威人物的负面评价。甚至有些白手起家的百万富翁们说，某些权威人物所做的贬低的评价对于他们最终取得成功起过一定的作用——锤炼铸就了他们所需要的抵抗批评的抗体，坚定了他们的决心。

谁更能够经得住一打信贷官员的负面评价，并且厚着脸皮不断请求直到贷款被批准呢？这些成功的百万富翁就能做到，他们总是抵制那些说他们的未来计划不会有成效的批评者。对他们来说，找到一个明智而开通的信贷者只是时间和努力的问题。

无论一个人有多聪明，如果没有坚韧不拔的品质，他就不会在一个群体中脱颖而出，他就不会取得成功。许多人本可以成为杰出的音乐家、艺术家、教师、律师或医生，但就是因为缺乏这种杰出的品质，最终一事无成。

有一部著名的美国电影叫《肖申克的救赎》，电影讲述的是年轻的银行家安迪因被判决谋杀自己的妻子，被送往美国的肖申克监狱终身监禁。遭受冤枉的安迪外表看似懦弱，但内心坚定，从进监狱的那天开始就决定一定要离开这里。他在监狱里遇见了因

别在该吃苦的年纪选择安逸

失手杀人被判终身监禁的摩根·费曼，两人很快成为好友。肖申克监狱是当时最黑暗的监狱，典狱长利用罪犯做苦役，为自己捞了不少好处。狱警对囚犯乱施刑罚，甚至将囚犯活活打死。

面对如此险恶的环境，安迪没有自甘堕落，他办监狱图书室，为囚犯播放美妙的音乐，还利用自己的知识帮助大家打点自己的财务。典狱长很快发现了安迪的特长，让他帮助自己清洗黑钱做假账。在暗无天日的牢笼中，安迪从未放弃过对自由、对美好生活的追求，他每天用一把小鹤嘴锄挖洞，然后用海报将洞口遮住。用了 20 年的时间，安迪才完成了地洞的开凿，成功地逃出监狱并最终把典狱长绳之以法。

安迪在莫大的误解、冤枉、恶劣的生存环境之下，竟然能够一直朝自己的目标在努力，让人看了之后非常震撼，如果一个人能用这样的毅力和忍耐力做一件事，想不成功也难啊。

坚韧不拔的斗志是所有伟大成功者的共同特征。他们也许在其他方面有缺陷和弱点，但是坚韧不拔的斗志是每一个成功者身上是不可或缺的。无论他处境怎样，无论他怎样失望，任何苦难都不会使他厌烦，任何困难都不会打倒他，任何不幸和悲伤都不会摧毁他。过人的才华和丰厚的禀赋都不如坚持不懈的努力更有助于造就一个伟人。在生活中最终取得胜利的是那些坚持到底的人，而不是那些自认为自己是天才的人。但是，很少有人完全理解这一点：杰出的成就都源于坚韧不拔的斗志和不懈的努力。

杰出的鸟类学家奥杜邦在森林中刻苦工作了许多年。一次，在他度假回来时，发现自己精心创作的两百多幅极具科学价值的鸟类绘画都被老鼠糟蹋了。回忆起这段经历，他说："强烈的悲伤几乎穿透我的整个大脑，我接连几个星期都在发烧。"但过了一段时间后，他的身体和精神都得到了一定的恢复。他又重新拿起枪，拿起背包和笔，重新走向了森林深处。

坚韧不拔的斗志是一种力量、一种魅力，它使别人更加信赖你，每个人都信任那些有魄力的人。实际上，当他决心做这件事情时已经成功一半了，因为人们都相信他会实现自己的目标。对于一个不畏艰难、一往无前、勇于承担责任的人，人们知道反对他、打击他都是徒劳的。

坚韧的人从不会停下来想想他到底能不能成功。他要考虑的问题就是如何前进、如何走得更远、如何接近目标。无论途中有高山、有河流还是有沼泽，他都会去攀登、去穿越。而所有其他方面的考虑，都是为了实现这个终极目标。

歌德曾这样描述坚持的意义："不苟且地坚持下去，严厉地驱策自己继续下去，就是我们之中最微小的人这样去做，也很少不会达到目标。因为坚持的无声力量会随着时间而增长，而没有人能抗拒的程度。"

## 专心致志，心无旁骛

互联网在近年来是一个盛产神话的地方，就像所罗门王的巨大宝藏，吸引了许多探宝者，有的满载而归，更多的是铩羽而归。在这些满怀淘金梦的人中，有一个叫李彦宏的人吸引了人们的眼球。事情得从十多年前谈起。1999 年底的 IT 行业正处于一个由盛而衰的时期，年纪轻轻的李彦宏从美国硅谷回国创业。他一心想在 IT 行业做番事业，将创业的方向锁定在中文搜索引擎上。之所以有这个选择，与他在北京大学图书馆系情报学专业求学的背景，以及与他后来在美国读的计算机检索和为一家报纸做信息搜索的经历有关。专业知识的素养和相关工作的经验，都让李彦宏坚信互联网搜索将是非常有前景的商业模式。

"众里寻他千百度，蓦然回首，那人却在灯火阑珊处。"从辛弃疾的《青玉案》中，李彦宏挑选了"百度"来作为自己初创的网络搜索引擎公司的名字。他的这一次创业，正赶上了互联网的泡沫破灭，很多人都对他摇头，包括当时中国互联网行业的先驱和领导者张树新。"你怎么这么过时，现在还搞搜索引擎，搜索都诞生好几年了。"

李彦宏并不服气，他试着去和风险投资商谈判。1999 年底，他与自己的合作伙伴成功地找到了 120 万美元的风险投资。2000 年 1 月 1 日，李彦宏的百度蹒跚上路。五年多的跋涉，百度跑到了美国的纳斯达克。百度上市于一夜之间让李彦宏成为亿万富翁。

创业艰难百战多。站在纳斯达克炫目的舞台上，李彦宏仍用"专注"一词来归纳自己的成功。他自始至终坚持中文搜索。"诱惑太多，转型做短信、网络游戏、广告的，都马上赢利了，我们选择了一条长征的路线，而且五年来一直没有变。"

IT 行业里还有一个鼎鼎有名的人，叫王文京，是用友软件集团公司的董事长。十几年的时间，王文京从一介书生发展到个人身家高达数十亿元，他一手缔造的用友软件也牢牢占据着中国财务软件的领导地位。谈及自己的创业，王文京用最简单的语言概述他的精华："一生只做一件事。专注、坚持。要想在任何一个行业出头，必须有沉浸其中十年以上的决心，人一生其实只能做好一件事。"正是凭着这朴实而坚定的人生信条，王文京实现着用友软件商业化的梦想。

李彦宏和王文京都不约而同地强调"专注"，值得我们好好比照与反思自己的行为。专注，意味着集中精力发展与突破。很多人涉足很多领域，学习很多知识，其实内部很虚弱，每一项都没有很强的竞争力。

专注于某一件事情，哪怕它很小，努力做得更好，总会有不寻常的收获。请看这样一件事。有一位陕西农村妇女没读完小学，连用普通话表达意思都不太熟练与清楚。因为女儿在美国，她申请去美国工作。她到移民局提出申请时，申报的理由是有"技术特长"。移民局官员看了她的申请表，问她的"技术特长"是什么，她回答是会"剪纸画"。她从包里拿出剪刀，轻巧地在一张彩纸上飞舞，不到三分钟，就剪出一组栩栩如生的动物图案。移民局官员连声称赞，她申请赴美的事很快就办妥了，引得旁边和她一起申请而被拒签的人一阵羡慕。

这个农村妇女没有其他的能耐，但她有一把别人都没有的剪刀。一个人没有学历、没有工作经验，但只要有一项特长、一处与众不同的地方，就可能得到社会的承认，拥有其他人不能获得的东西。可是在我们身边，许多人往往走入误区，譬如一些大学生在校读书期间，忙着考这证考那证，证书弄了一大摞，忙着做主持、当模特，业余职业换了一个又一个，但毕业之后却很难找到一份合适的工作。原因就是由于他们分散了时间和精力，没有专注于某一件事情，结果事与愿违。

大凡成功人士，都能专注于一个目标。林肯专心致力于解放黑人奴隶，并因此使自己成为美国最伟大的总统之一。伊斯特曼致力于生产柯达相机，这为他赚进了数不清的金钱，也为全球数百万人带来了不可言喻的乐趣。

每天都花一点点时间问一下自己的内心：你真正想要的是什么？什么才是你人生中最重要的？慢慢地，你会发现，那些遥远的、不切实际的东西都是你行动的累赘，而那些离你最近的事物才是你的快乐所在。把精力集中在最能让你快乐的事情上，别再胡思乱想、偏离正确的人生轨道。

只要我们一次只专心地做一件事，全身心地投入并积极地希望它成功，这样我们就不会感到精疲力竭。不要让我们的思维转到别的事情、别的需要或别的想法上去，专心于我们正在做着的事。选择最重要的事先做，把其他的事放在一边。做得少一点，做得好一点，我们就会得到更多的收获。

# 鲁冠球的成功哲学

鲁冠球，可以说是中国企业界常青树。他在 20 世纪 60 年代末的计划经济时代就开始创业，先是偷偷地搞米面加工厂，后来又挂靠在生产队名下开铁匠店……一路风雨中走来，成就了万向集团的辉煌。

鲁冠球经常说的是：千里之行，始于脚下。在现实与梦想之间的距离，要靠脚步来丈量。鲁冠球是如何做的呢？

他坦言自己是"一天做一件实事，一月做一件新事，一年做一件大事，一生做一件有意义的事"。

鲁冠球所谓的"一生做一件有意义的事"，其实就是我们平常所说的人生理想或目标。几乎每个人都会有自己的人生理想与目标，与其每天高喊伟大的口号，不如踏踏实实地做一件实事。万丈高楼平地起，成功是累积而成的。每天晚上你不妨反省一下自己，今天你做了件什么实事？明天打算做件什么实事？

我们很多人其实都有一番伟大的志向，但不少人并没有为自己的志向尽力。志向伟大，势必有实现的难度，不是一蹴而就的事情。于是有人在志向面前蒙了，不知如何下手。结果空怀着志向，任时间白白流逝，最终志向还是停留在脑海中，仍是一事无成。

光空口说我将来要当中国的比尔·盖茨、松下幸之助谁不会？你不为了这个目标一点一点努力前进，永远都不会有实现的机会。人有了大的目标，要学会把这个目标分散成小目标，贯穿到日常的工作当中。用"一天做一件实事"来垒成"一生做一件有意义的事"。千里之行，始于脚下。现实与梦想之间的距离，终究要靠脚步来丈量。

一天要做一件实事，一个月还要做一件新事。什么叫新事？即有新意、有创意的事情。我们在前面说过：创业本身就是人生一次大胆的创新，其过程就是有所发现、有所发明、有所创造、有所突破的创新过程。1+2+3+4……一直加到100，大家都一步一步地计算，朝最终的答案挺进。但高斯的计算方法不同，他发现这100个数字的加法算术题中有一个规律，那就是：最小的数与最大的数相加之和是101，次小的数与次大的数相加之和也是101——1+100＝101、2+99＝101、3+98＝101……依次类推，100个数字，正好可以组成50组101，然后用50×101，就可以得出答案为5050。别人要用一个小时才能勉强做出来的题，被高斯用创新的方法一分钟就准确地计算出来了。创新的力量由此可见一斑。创新在我们创业过程中越来越占有重要的分量。运用各种新构思、新方法或新手段，是创业制胜的一个重要法宝。

再说"一年做一件大事"。鲁冠球所谓的"大事"，形同我们平常所说的中期目标。一个人一生的目标可能很大。因为大，我们常常会有无从下手的感觉。1984年，在东京国际马拉松邀请赛中，名不见经传的日本选手山田本一出人意料夺得了世界冠军。当记者问他凭什么取得如此惊人的成绩时，他说了这么一句话："凭智慧战胜对手。"当时，不少人都认为这个偶然跑到前面的矮个子选手是在"故弄玄虚"。10年以后，这个谜底终于被解开了。山田本一在他的自传中透露了秘诀："每次比赛之前，我都要乘车把比赛的路线仔细看一遍，并把沿途比较醒目的标志画下来。比如第一个标志是银行；第二个标志是一棵大树；第三个标志是一座红房子……这样一直画到赛程的终点。比赛开始后，我就奋力地向第一个目标冲去，过第一个目标后，我又以同样的速度向第二目标冲去。起初，我并不懂这样的道理，常常把我的目标定在40千米外的终点那面旗帜上，结果我跑到十几千米时就疲惫不堪了。我被前面那段遥远的路程给吓倒了。"

我们不妨用爬楼来进一步说明中期目标的高明之处。假设你要去拜访一个重要客户，不巧到他所在的写字楼时电梯出现故障停用了。客户在 30 层，你只有爬楼梯上去。很难是吗？你面对那么高的楼房一定有畏难情绪，甚至可能会产生放弃的想法。但你若转换一下思路，把这 30 层的高楼分成 6 段，你也只不过爬 6 次 5 楼而已。爬 5 楼难吗？对于健康人来说一点也不难。好，那你就开始爬吧。就像山本田一那样，将大目标分解为多个易于达到的小目标，一步步脚踏实地，每爬 5 层楼，你就体验了"成功的感觉"。而这种"感觉"将强化你的自信心，并将推动你发挥稳步发展潜能去达到最终目标。

你人生的目标是什么？这个月你做了什么新鲜的事情？2008 年你打算做一件什么大事？你为了你的目标具体地做了哪些努力？……按照这样的思路来要求自己，每天问问自己做了什么，就会变得积极起来。

光站在河边想着嚷着要过河，不见你下水一米一米地游，也不见你一寸一寸地搭桥，站在那里看着流水东去有什么用？光阴似箭，时间如水，等闲白了少年头，就只有望着对岸的美景空悲切了。

# 第九章 沧海横流，尽显英雄本色

人生就像一条河，而我们就是游弋在河中的水手。在河流中泅渡免不了会受些伤，只有不怕河中的滔天巨浪，不怕在渡河时淹死，才可能游到成功的彼岸。

人们赞美游到彼岸的英雄，却容易忽视在挫折的大河中泅渡的必要。

# 自古英雄多磨难

自古英雄多磨难，从来纨绔少伟男。这是一条亘古以来都颠扑不破的道理。在权贵的荫泽与庇佑下的成长，如同温室里的花朵，鲜有能经受风雨的。

1975年夏天，一个18岁的农村小伙子在炸鱼时不慎被雷管炸去了右手掌，残疾后他被迫终止了中学的学业。五年后，23岁的小伙子出门游历并拜师学画，立志要做一个画家。他怀揣几十元钱离开家乡，在外历经了两年的磨难：身无分文无处可去的时候，曾跟街边的流浪汉睡在一起；因为衣衫褴褛，他曾经被人当成小偷抓进了收容所……他甚至一度试图以自杀来告别苦难。

——这个小伙子叫谭传华，他于1995年注册了"谭木匠"商标，13年后的今天，"谭木匠"已经是名声响亮，光加盟店就有五百多家。

功成名就的他，至今甚至连他来自哪里、究竟姓什么、亲生父母是谁，都不知道。他是在不足一个月大时，就被贫穷多子的亲生父母以50元钱卖给一对夫妇做儿子的。那是60年前的事情了。他的养父是一个养牛的，没有孩子，家境也不怎么宽裕。在

别在该吃苦的年纪选择安逸

20世纪50年代和60年代那段苦难的日子里，养父养母努力地呵护着他。然而，命运如残暴的狼，没有丝毫温情对待他。在他8岁那年，养母去世；养母去世后，养父又续弦；16岁那年，养父去世。从此，他彻彻底底变成了孤儿。作为孤儿的他得到政府照顾，于20岁那年被安排进了工厂。兢兢业业的他珍惜着自己来之不易的工作。在1992年，他因能力卓越而当上了集团副总裁。当一个穷孩子苦孩子通过自己努力有了一番成就的故事正在按部就班地演绎时，命运的恶作剧又一次降临到他头上。在1998年底，因为一些原因，他被内蒙古伊利集团免去生产经营副总裁一职。

——这个人叫牛根生，蒙牛集团的创始人，现在是集团董事长和总裁。

他生于1938年，父亲是重庆涪陵乡下的一个小地主，家里颇为殷实。中华人民共和国成立前的地主少爷日子过得还不错，但1950年后，他从地主少爷变成了地主崽子，其命运在一夜之间发生了翻天覆地的变化。在12岁那年，他和50多岁的小脚母亲，被迫离开了曾经殷实的家，住到了荒山之上一间废弃的破烂茅屋。年事渐高的母亲和尚未成人的儿子相依为命，再加上地主成分的政治帽子，他们的日子注定是艰难无比的。一间危房、一块薄地、几个锅碗，就是他们安身糊口的所有。穷人的孩子早当家，12岁的他从好心人手里借了五角钱做本钱，步行到城里用钱批发缝衣针，再回到乡下沿村叫卖。做了一年多货郎后，他不甘就此度日，为了谋个更好的前程，赤手空拳到重庆求学，并幸运地考上公立中学，还因成绩优异而获得了助学金。从初中到高中，他的成绩都极为拔尖，深得老师和同学的器重。但苦难还是不愿轻易放过这个天才般的少年。在 1958 年春天的反右复查中，正读高三的他被揭发"有右派言论"，被开除学籍。1961 年，他的问题上升为"反革命"，坐了 9 个半月牢后，24 岁的他被送去劳改农场强制劳改。直到 41 岁，他才结束长达 20 多年的"牛鬼蛇神"生涯，被平反、落实政策。

——这个人叫尹明善，摩托界的大佬，现在身家数十亿，正筹巨资剑指汽车产业。

艰难困苦，玉汝于成。出身贫寒也好，命运多舛也罢，如果你换一个角度看，未必不是一种财富。当然，如果你在贫寒中潦倒、在多舛中随波，就谈不上什么财富了。《孟子》中有云："天降大任于斯人也，必先苦其心志，劳其筋骨，饿其体肤，空乏其身，行拂乱其所为，所以动心忍性，增益其所不能。"这篇文章我们在中学时代都读过，只是中学时代的我们没有多少人生的历练，并不能对这篇文章产生太深的共鸣。如今，回头来看，对于出身平凡或出身贫寒，以及遭受或正遭受磨难的人来说，孟子至少告诉了我们两点。

第一，将相本无种，英雄不怕出身低。古时如此，而今亦然。第二，所有的磨难与困苦，都可以成为锻炼能力和增强心志的手段。磨难与困苦源于外界，能力与坚韧激发于自身。

我们都有自己美丽的梦想，都在努力地行走、奔跑，只为了更好的生活。然而，世界是丰富的，有许多东西令人满意，也有许多东西令人讨厌。不管我们愿不愿意接受，两者都会如期而至。

当痛苦如冰雹从天而降，我们可能会自言自语："为什么受伤的总是我呢？我已经足够努力了，也足够倒霉了，为什么命运总是要和我作对，这个世界真的太不公平了。"有谁没有沮丧过呢？
然而，如果你一味让自己在沮丧中怨恨与绝望，就永远也无法让
自己在人格上成熟起来。面对残酷的现实，弱者会诅咒，而强者
选择的是战斗。诅咒有什么用呢？当西班牙人在圣胡安山燃起的
战火让人忍无可忍时，很多美国人开始诅咒。但一位叫伍德的上
校大声呼喊："不要诅咒——去战斗！"他的呐喊伴随着手里毛瑟
枪的怒吼，让西班牙人尝到了失败的滋味。

奥里森·马登说："最高贵的绅士，他能以最不可动摇的决心
来选择正义的事业；他能完全抵制住最不可抗拒的诱惑；他能面
带微笑地承受着最沉重的压力；他能以平静的心态来面对最猛烈
的暴风雨；他能以最无畏的勇气来对付任何威胁与阻力；他能以
最坚韧的个性来捍卫对真理与美德的信仰。"年轻人应该如同奥里
森·马登笔下的高贵绅士，具有钢铁般的意志力，方能在人生的
坎坷之旅一路过关斩将，成就自我。

人生的风雨是立世的训谕，生活的苦难是人生的老师。谭传
华们并没有因"命苦"而一味沉沦。有一句意大利谚语是这样说
的："即使水果成熟前，味道也是苦的。未经霜打的柿子，是不会
变得绵软可口的。"

# 让挫折激发能量

法国的军事家拿破仑·波拿巴在谈到他的大将马塞纳时说，

平时他真实而深刻的一面是显示不出来的，只有当他在战场上见到满地的伤兵和遍地的尸体时，他内在的"狮性"就会突然发作起来，打起仗来顿时变得勇不可当。

人类有些潜能是不会轻易显露出来的，除非是遭遇了巨大的打击或承受着强烈的刺激。这种神秘的力量深藏在人的内心最深处，只有当人们受到了讥讽、凌辱、欺侮或是遭遇困境之时，才会激发出来，做出前所不能的事情来。

艰难的情形、绝望的境况、赤贫的无助，在历史上曾经造就了许多伟人。如果拿破仑·波拿巴在年轻时没有遇到什么窘迫或绝望，那么他一定很难变得那么足智多谋、镇定自若和刚强勇敢，他也就不会成为法兰西第一帝国的皇帝。巨大的困难和形形色色的危机，往往是爆发出巨大能量的火药。

一个成功的商人曾经说，在他一生中所获得的每一个成功，其实都是与艰难困苦做斗争的结果。所以，他现在对那些不费气力得来的成功，反倒觉得有点靠不住了。他觉得，排除种种障碍从奋斗中获得成功，才可以给人以喜悦。这个商人喜欢做一些难以达到的事情，这样可以检验他的力量，考察他的能力；他反而不喜欢从事那些很轻易就能办好的事情，因为不费力气的事情，不能给予他振奋的精神、发挥才能的机会。

处在困境之中的奋斗，最能使人发挥出潜在的力量；没有这种坚持不懈的奋斗，便永远不可能发现自己真正的力量。如果林肯是出生在一个庄园主的家里，进过大学，他也许永远不能成为美国的总统，也永远不可能成为历史上的伟人。因为一个人如果总是处在舒适安逸的生活中，便不需要自己做出很多的努力，不需要自己付出艰苦的奋斗。林肯之所以这般伟大，是与他不断地与逆境做斗争分不开的。

爱默生说过："我们的力量来自我们的软弱，直到我们被戳、被刺，甚至被伤害到疼痛的程度时，才会唤醒那种包藏着神秘力量的愤怒。伟大的人物总是愿意被当成小人物看待，但当他被摇醒、被折磨、被击败时，便有机会可以学习一些东西了。此时他必须运用自己的智慧，发挥自己的刚毅精神，学会了解事实真相，从自己的无知中学习经验，治疗好自负精神病。最后，要会调整自己并且学到真正的技巧。"

苏轼在《留侯论》中云：天下有大勇者，猝然临之而不惊，无故加之而不怒。一个人如果拥有这种品质，那么无论在他身上发生什么事都无法影响到他。无论什么事情降临在他身上，他都可以保持内心的平衡。

尽管我们从小就听说过许多表现出极大勇气的英雄故事，但我们更需要在家里、在日常生活中拥有同样的勇气。无论发生了什么事情，请平静地带着微笑去面对这个世界，当然这需要极大的勇气。永远相信自己，不要随波逐流，这更需要勇气。

请在每一个清晨，带着勇气上路。即使没有实现理想也不要紧，我们走在通往理想的路上。所有的压力与劳累，是我们为了理想必须付出的成本。而在你一天的工作结束之后，请清查一下你自身的"存货"，并且想一想你已经做了什么、你是在一种什么样的精神状态下做的。归根结底，后者是更重要的事情。你是否曾经感到虚弱、心不在焉，或者你曾经畏缩不前？你是否曾表现出了足够的信心和力量？

## 保持沉着冷静

有一个小国的君主，总是受到外族的侵扰，他励精图治不眠不休，想尽了一切办法抵抗外侮，但国家依旧日渐衰弱。于是他不辞辛苦，连夜到寺院探访一位大师。这位老僧听完他的叙述后不发一言，在夜色之中把他带到一条河边，架起了一堆柴火，然后便让他对着熊熊火焰静坐冥思。

天亮时候，燃烧了一晚的火堆终于渐渐熄灭了，老僧指着灰烬，又指了指旁边的河水对他说："你明白了吗？"这位君主一脸困惑。

老僧言："这大火昨晚熊熊猎猎，势不可挡，但如今灰飞烟灭，而这旁边这条河，默然无语，静水深流，你再看看它的所到之处。"

君主转头远望……至此他似乎有所领悟。他悟到什么？应该是悟到了沉静力量之伟大！

沉静，是一种力量。比如打乒乓球、踢足球，志在必得时，在迅猛出击前往往是心定神闲，不会紧张，而后才有让对手恐惧的打击。就像是打枪，在击发前的一瞬，屏住呼吸，心跳也几乎静止，然后，枪响了。只有屏息静气的枪手，才会让对手真正胆寒。

"每临大事有静气，不信今时无古贤"告诉我们，自古以来的贤圣之人，也都是大气之人。越是遇到惊天动地之事，越能心静如水，沉着应对。在紧急的关口，许多人出于本能，都会做出惊慌失措的反应。然而仔细想来，惊慌失措非但于事无补，反而会添出许多乱子来。

静气，是一种大气、一种勇敢、一种担当。诸葛亮给他儿子写信说："夫君子之行，静以修身，俭以养德，非淡泊无以明志，非宁静无以致远。夫学，须静也；才，须学也。非学无以广才，非志无以成学。"诸葛亮一生的体会，今天读来，还是令人深省。在紧急时刻，临危不乱、处变不惊，以高度的镇定，冷静地分析形势，这才是明智之举。

唐代宪宗时期，有个中书令叫裴度。有一天，手下人慌慌张张地跑来向他报告说他的大印不见了。为官的丢了大印，真是一件非同小可的事。可是裴度听了报告之后一点也不惊慌，只是点头表示知道了。然后，他告诫左右的人千万不要张扬这件事。

左右之人看裴中书并不是他们想象一般惊慌失措，都感到疑惑不解，猜不透裴度心中是怎样想的。而更使周围的人吃惊的是，裴度就像完全忘掉了丢印的事，竟然当晚在府中大宴宾客，和众人饮酒取乐，十分逍遥自在。

就在酒至半酣时，有人发现大印又被放回原处了。左右手下又迫不及待地向裴度报告这一喜讯。裴度依然满不在乎，好像根本没有发生过丢印之事一般。那天晚上，宴饮十分畅快，直到尽兴方才罢宴，然后各自安然歇息。

而左右始终不能揣测裴中书为什么能如此成竹在胸，事后好久，裴度才向大家提到丢印当时的处置情况。他告诉左右的人说：

"丢印的缘由想必是管印的官吏私自拿去用了，恰巧又被你们发现了，这时如果嚷嚷开来，偷印的人担心出事，惊慌之中必定会想到毁灭证据。如果他真的把印偷偷毁了，印又从何而找呢？而如今我们处之以缓，不表露出惊慌，这样也不会让偷印者感到惊慌，他就会在用过之后悄悄放回原处，而大印也会失而复得，不会发生什么意外了，所以我就如此那般地做了。"

　　遇到突发事件时，每个人都难免产生一种惊慌的情绪。所以我们需要修一种静气，静气大事首先来自胆识和勇气。胆识和果断是联系在一起的，遇事犹豫不决、顾虑重重、患得患失、谋而不断，甚至被敌人的气势吓倒，谈不上胆识。只有敢担责任、当机立断者，才能解危。

　　楚汉相争的时候，有一次刘邦和项羽在两军阵前对话，刘邦历数项羽的罪过。项羽大怒，命令暗中潜伏的弓弩手几千人一齐向刘邦放箭，一支箭正好射中刘邦的胸口，伤势沉重，痛得他伏下身。主将受伤，群龙无首。如果楚军乘人心浮动发起进攻，汉军必然全军溃败。猛然间，刘邦突然镇静起来，他巧施妙计，在马上用手按住自己的脚，大声喊道："碰巧被你们射中了，幸好伤在脚趾，没有重伤。"军士们听了，顿时稳定下来，终于抵住了楚军的进攻。

　　这就是一种胆识和勇气酝酿出来的静气。"静而后能安，安而后能虑，虑而后能得"。静、安、虑、得四个字，静是关键。但我们往往最难做到的就是静，我们总是如此浮躁，因为我们有太多的渴望，我们渴望成功，我们渴望爱，我们渴望享受一切繁华，而往往我们奔波得身心俱疲仍不知所终。

还有这样一个故事：在俄罗斯的一个地区，居民们发现了一个捕捉野熊的好方法，他们设好诱饵，然后安排十几个人围住这个区域，当熊进入到这个区域后，他们便一同大喊大叫，惊恐万状的黑熊便慌不择路四处奔逃，最后气力用尽，只能束手就擒。

在这场战斗中，是熊自己打败了自己，否则以它的体形与气力讲，人是很难抓住它的。其实，大家想一想，在现实生活中，很多事之所以失败，就在于当我们面对一些困难特别是面对一些突发事件时，情绪失控，从而说一些不应该说的话、做一些不合常理的事。

我们不妨留心身边那些有点成就的人，无论是当了个不大不小的官的人，还是赚了不多不少的钱的人，他们毫无疑问都是情绪稳定的人。他们处事镇定，我们很少见到他们惊慌失措。这些素质，是他们之所以相对出色的重要原因之一。试想：一个遇事慌乱的人，如何能担当大任？

老练的水手，在大风大浪中从来就不会有一丝惊慌。这除了他们在长期的风浪中锻炼了意志之外，还与他们有丰富的处置经验有关。他们经历过风浪，也知道如何应对风浪。因此，你要想在人生的浩瀚海洋中成为一名沉静的水手，不妨多给自己一些挑战的机会，让自己在人生的风浪中磨炼成一个处变不惊的水手。

## 当忍则忍，该让就让

宽以待人，要将心比心，推己及人。推己及人，是以自己为标尺，衡量自己的行为举止能否为人所接受，其依据是人同此心、心同此理，将心比心，设身处地。还可以用角色互换的方法，假设自己站在对方的位置上，想一想对方会有什么反应、感觉，从而理解他人、体谅他人，懂得了这点，当别人理短时就会大度地宽容他人，他人才会在自己理短时容让你，以此建立相互宽容的人际关系网。

人与人的交往是很普通的事，因为交往能增进双方的友谊，交往能促进自己的事业成功，所以人们总是把交往作为人生的一件大事。但总是有些人因不懂得宽容谦让往往事与愿违，徒增苦恼。事后想想，其实大可不必，只要用平和的心态，多一些宽容、谦让和理解，许多事情是完全可能做得更好的。

一个人如果心胸狭小，总是从自私的角度去看问题，是无法得到他人的支持与拥护。想要有魅力的年轻人要力戒为人褊狭，主张宽容他人，因为只有这样，才能赢得人心。毫无疑问，宽容不仅是习惯，也是一种品德，是年轻人应该养成、有助于成功的习惯之一，是年轻人成大事所必备的德行之一。

中国人注重"德"，一个人有"德"才会服人。有才无德，这样的人也许可逞一时之势，却不能把握历史的方向，最终还是会被时间所摒弃。正是本着中华的这种"德"而行，多少中华名士，都是用他们身上的美德征服了世人，用他们的宽容征服了世界。

宽容的人能以德服人，一个人的品德往往就是一种宽容。能容让的人，决定了他在别人心目中的位置，而人们在选择自己所追随的目标时，也往往是以"德"字为标准的。

周作人先生，正是这样一个以宽容而征服他人成就事业的人。

## 别在该吃苦的年纪选择安逸

周作人平时行事，总是一团和气，以德传人，他是以态度温和著名的。相貌上周作人中等身材，穿着长袍，脸稍微圆，一副慈眉善眼的样子。他对于来访者也是一律不拒，客气接待，与来客对坐在椅子上，不忙不急，细声微笑地说话，几乎没有人见过他横眉竖目，高声呵斥，尽管有些事情足可把普通人的鼻子都气歪。据说有个时期，他家有个用人，负责里外采购什么的。此人手脚不太干净，常常揩油。当时用钱，要把银元换成铜币，时价是一银元换460铜币。一次周作人与同事聊天谈及，坚持认为是时价200多，并说他的家人一向就是这样与他兑换的。众人于是笑着说他受了骗。他回家一调查，不仅如此，还有把整包大米也偷走的。他没有办法，一再鼓起勇气，把这个用人请来，委婉和气地说："因为家道不济，没有许多事做，希望你另谋高就吧。"不知这个用人怎么个想法，忽然跪倒、求饶，周作人大惊，赶紧上前扶起，说："刚才的话算没说，不要在意。"

任大官时期，他的一个旧学生穷得没办法，找他帮忙谋个职业。一次，恰逢他屋有客，门房便挡了驾。学生疑惑周在回避推托，气不打一处来，便站在门口耍起泼来，张口大骂，声音高得足以让里屋也听得清清楚楚。谁也没想到，过了三五天，那位学生得以上任了。有人问周作人，他这样大骂你，你反用他是何道理。周说，到别人门口骂人，这是多么难的事，可见他境况确实不好，太值得同情了。

其实宽容和理解不仅是一个人有修养的表现，也是增进你与人友谊的桥梁，如果用平和的心态去宽容和理解别人，别人也会由于你的宽容而感激不尽的，从而也会宽容和理解你，这样，很多事情都可以非常简单地解决。

比如，在生活中常常有一些说话没把握，办事没分寸的人，如果把这些人看成是讨厌的人、最不愿接近的人，那么就会减少一些朋友；如果用宽容的态度去对待他们，那么也许就会多一些朋友。

所以说，宽容和理解是人际交往中不可缺少的东西，尽管每个人都不是十全十美的，或多或少都会犯一些不尽如人意的错误，但还是尽早学会宽容别人吧！宽容别人其实就是为自己的魅力增添光彩。

# 变危机为转机

"机会就在危机后面""危机是幸运的伪装"——我们常听人这么说，这不是一句简单的安慰人的话，而是包含了智慧的人生哲理。

美国第 37 任总统尼克松在其著作《六次危机》一书中，有这么一段发人深省的话："对每个人来说，生命就是一系列的危机，问题是你怎样去对待这些危机，如何使这危机变为转机。"我们都知道：尼克松是一位颇有建树的政治家，曾为改善中美关系做出了贡献。但也许很多朋友并不知道尼克松的人生之路并不平坦。他在底层辛苦多年，饱经挫折，不懈奋斗，从普通士兵一步步当上众议员、副总统、总统。1975 年，他因为"水门事件"丑闻而

別在该吃苦的年纪选择安逸

辞职，当时有人认为他的政治生命结束了。但他以自己从政几十年的丰富经验，四处演讲、著书立说，又成为政界各级掌权人主要咨询者之一。他的许多主张亦被后任的各届总统采纳，是个不在位的"总统"，直至他去世。

另一个饱受坎坷的人物是邓小平，他历经三起三落。但不管是蒙冤还是受委屈，他都能受住危机中的压力，在关键时刻，以非凡的才能变危机为转机，成为中国改革开放的总设计师。

有一高大的纪念碑，矗立在美国的亚拉巴马州恩特曾颖镇的公共广场上。这座纪念碑不是纪念某个伟人，也不是纪念某件大事，它纪念的是一场虫害。在这座碑身正面有这样一行金色大字：深深感谢象鼻虫在繁荣经济方面所做的贡献。象鼻虫是北美洲地区棉花田里的一种害虫。为什么亚拉巴马州要为害虫立纪念碑呢？

1910年，一场特大象鼻虫灾害狂潮般地席卷了亚拉巴马州的棉花田，虫子所到之处棉花毁于一旦。天灾让所有的棉农们欲哭无泪。灾后当然要重建，亚拉巴马州是美国主要的产棉区，那里的人们世世代代都种棉花，可现在，象鼻虫灾害使人们认识到仅仅种棉花是不行的，如果仅仅种棉花，暴发了象鼻虫灾害，一年的收成就没了。于是，人们开始在棉花田里套种玉米、大豆、烟叶等农作物。尽管棉花田里还有象鼻虫，但因为套种使棉花密度减少，虫子无法大规模繁衍，少量的农药就可以消灭它们。棉花和其他农作物的长势都很好，最后的收成表明，种多种农作物的经济效益比单纯种棉花要高四倍。从此，亚拉巴马州的人再也不单单在田地里种植棉花，而是在种植棉花的同时，大量种植一些其他的农作物。亚拉巴马州从此走上了繁荣之路，人们的生活也越来越好。亚拉巴马州的人们认为经济的繁荣应该归功于那场象鼻虫灾害，是象鼻虫使他们学会了在棉花田里套种别的农作物。为此，亚拉巴马州州府决定，在当初象鼻虫灾害的始发地恩特曾颖镇建立一座纪念碑，以感谢象鼻虫在繁荣经济方面所做出的贡献。

人生在世，总希望时时顺利、心想事成、一生平安。然而事实并非如此，现实就是现实，危机和挑战常常会临降到我们身上。人从婴儿呱呱落地，生于陌生之境，惊哭求生，乃一切危机之始，接下来的生理成长、社交情谊、创业守业、聚别欢忧……无一不存在危机。

而所谓"危机"，其实包含着两个方面的内容："危险"和"机遇"，只是大多数人习惯性地只看到"危险"，而看不到"机遇"。危机已经发生，不要叹息、不要沮丧，我们所要做的就是用心去捕捉危机中的转机，从而走向一个新的开始，走向更美好的未来。

人的伟大其实不在于如何躲避危机，在于如何变危机为转机。人虽有危机之患，但它只能在特定的条件下，才酝酿成祸危害于人。希腊人并不视危机为可怕，他们认为危机乃是"上帝赋予人的一种特殊机遇，是不在惯常时间运作下之'时机'，让人可以在此时有所超脱，顿悟真理"。在生活中上述这些处境临到时都是危机，但是我们千万不要轻看危机，这或许就是我们的转机，我们也只有在危机中才能有转机的机会。

危机既是一种压力又是一种动力，它像一种催化剂，能孕育出灵魂和精神的力量。可以这样说：危机即是"高山盖顶"或

"海浪涛天"，如果是玫瑰，一定会在高山上开花！如果是珍珠，一定会在海涛中发光，关键是：我们要学会变危机为转机。

## 赢的激情，无往不利

1923年5月27日，萨默·雷石东出生在美国波士顿一个清贫的犹太人家庭。17岁时，进入哈佛大学。31岁时，萨默·雷石东第一次创业，经营"国家娱乐有限公司"，30年后，积累了五亿美元财富。50岁时，萨默·雷石东经历一场火灾，险些丧命。63岁时，他第二次创业，收购维亚康母公司。78岁时，萨默·雷石东被《福布斯》评为全球第18位富豪。现在，80多岁的他管理着全球最大的传媒娱乐公司——维亚康母公司。

50多年间，雷石东大胆地扩展，使自己从一个汽车影院的老板，成为一个年收入达246亿美元的传媒帝国的领袖，他崇尚的信条是"A Passionto Win"（赢的激情）。这也是他的自传的名字，没有埋怨，只有顽强斗志。

"我的价值观始终不曾改变，那就是永远追求赢的激情，这种激情体现了我生命全部的意义。"正是这种赢的激情和坚忍不拔的毅力使雷石东度过了生命中最艰难的岁月，并且乐观向上。他曾说：什么事情都是可能的，要想真正成功的话，必须要有想当第一的愿望才行，并不在于他们是商人，是医生、律师还是老师。我对工作的热情始终未减，赢的意志就是生存的意志。我心中那股赢的激情使我感到永远年轻。"

　　1973 年的一天，为了参加华纳兄弟电影公司一个部门经理的聚会，萨默·雷石东来到了波士顿，入驻 Copley 大厦。按照计划，他应该在第二天赶往纽约。他们正计划在纽约大都会地区开张第一家室内影院 Sunrise Multipex，有很多工作要做。而在酒店举办的聚会可能要持续到深夜，所以他只好在 Copley 大厦住一夜，第二天再赶往纽约。然而，正是这看似平常的一夜，却险些断送他性命——一场火灾袭击了他。以下是他的自述：

　　夜已经很深了，我开始渐渐进入梦乡，脑子里仍然在想着明天的工作。时近午夜时分，我突然闻到了一股烟味。

　　从来没有人教过我如何处理这种情况。在入住一家旅馆的时候，通常人们不会料到这样的事情。所以我犯了一个很"经典"的错误：打开门。住在隔壁的那个部门经理犯了更大的错误：他直接冲到了走廊里，结果窒息而死。我身陷火海。大腿开始被烧伤。看来我要被活活烧死了。虽然情况这么危急，但我还是清醒地意识到，这样死可不好看。

　　我开始慢慢靠近窗户。窗子被钉死了，我试着打开另一个窗子，成功了。我努力爬了出去，跪在一个小小的窗棂上，刚好能容下一只脚。当时我在四楼，如果跳下去的话，我死定了。大火从屋里向外蔓延，我努力低头避开从窗子中射出来的火焰，但手指却不得不紧紧死扣住窗户的边框，右手和肩膀被火烧得嗞嗞作响。

　　大火熊熊，让人闻声丧胆。从屋子里喷出的火焰烧着了我的睡衣、腿部，胳膊也被烧得斑痕累累。虽然疼得揪心，但我还是不能放弃，那是死路一条！我开始数数，努力使自己忘记眼前的伤痛，从一到十，再从一到十……当时唯一希望的事情就是消防车赶快来救我。

他们并没有出现。由于担心旅馆的名誉受到损害，旅馆方面并没有打电话报告消防队。这太让人难以忍受了！我挂在那里，时间一秒一秒地过去，对我来说，时间好像停止了一样。

终于，一个带着钩子的梯子伸到了我身边，一名消防队员爬了上来，把我夹在胳肢窝里，带回地面。在城市医院，我被放到了一张桌子上，隐隐约约听到医生们在讨论，给他来这么多这个，来那么多那个。他们说的一定是指吗啡，因为烧伤的痛苦简直让人难以忍受。然后我就昏了过去。我的家人都来到了医院，医生告诉我的家人，我可能活不过今晚。

第二天醒来以后，医生告诉我诊断结果：三度烧伤，烧伤面积45%以上；我在大火时悬挂的右手腕几乎已经脱离了身体。但我却并没有感到自己烧伤的面积是如此之大，相反，我感觉还不错。能活下来真是太好了！还得感谢那些药物。毕竟，对于一个55岁的人来说，能否继续生存是一个非常严肃的问题。但大家都认为，即使我能活下来的话，恐怕我这一辈子再也无法站起来走路了。

我身体45%的皮肤都被烧掉了，为了覆盖伤口，医生必须进行皮肤移植：他们要从我身体的其他部分取下一些皮肤，然后把它们移植到那些被烧掉的地方，希望能够再生。而通常只有在手术非常成功的时候，这种情况才可能出现，但这是能让我重获血肉之躯的唯一办法。

　　我已经感觉不到伤痛了，烧伤部位的所有神经都已经被烧死了，但皮肤被一条条撕掉的疼痛也是常人无法想象的。当安静地躺在那里的时候，我还能勉强忍受，而只要稍微移动一下身体，身上就像掉进了地狱一样。我想，如果我的孩子面临这样的处境的话，我宁可让他们死去。刚开始的时候，护士还给我注射了一些吗啡，但随后就停止了——并非因为我比较坚强，而是注射吗啡根本没用。当我知道这种药物不仅无法减轻我的痛苦，却反而可能会使我感染上毒瘾的时候，为什么还要继续使用它呢？医生们为我动了 6 次手术，一共是 60 个小时。我在医院里躺了好几个月。最后，在进行了第三次手术之后，大家都开始相信：我能活下来了。医生们开始拆开我的绷带，检查皮肤移植是否成功。即使手术成功的话，完全恢复也需要几个月的时间；如果不幸失败的话，后果将是不堪设想的。Burke 医生看了看伤口，然后对我说：“恭喜。”“恭喜？”我开始慢慢坐起来，“你在恭喜我？我能活下来了！”

　　然后我开始进入漫长的恢复期，在接下来的几个月里，我必须重新学会行走。每天早晨，我都被从床上拽下来，开始练习走路，我必须在两个护士的搀扶下才能站直，然后试着把一只脚放到另一只脚的前面。刚开始的时候，这是非常困难的，我经常突然瘫下去，直到几周以后，这种情况才开始改变。我开始能勉强迈出一步，两步，然后是几步。渐渐地，我能够开始正常行走了。一天，当我穿着拖鞋和睡衣慢慢沿着走廊练习走路的时候，Dell 突然出现在走廊的尽头。我已经好几个星期没有见到她了。虽然刚刚经历了一场家庭悲剧，可当她看到我的时候，还是突然脸色一亮，忍不住欢呼起来："雷石东先生，你能走路了！"

几个月之后，我终于可以回家了。我走出了麻省总医院。

火灾打开了我生活中新的一页，与死亡擦肩而过的遭遇使我对生活有了新的认识，在体会到了生命的可贵之后，我以更大的精力投入到了新的生活之中。

紧紧死扣住窗户的边框，即使是右手和肩膀被火烧得嗞嗞作响也不放手！这就是烧不死、打不垮的强者萨默·雷石东！

生命的乐章要奏出强音，必须依靠激情；青春的火焰要燃得旺盛，必须仰仗激情。

有人说，激情犹如火焰，当阴霾蔽日之时，指给你奔向光明的前程；有人说，激情宛似温泉，当冰凌满谷之时，冲荡你身心暖融融；有人说，激情好比葛藤，当你向险峰攀登之时，引你拾级而上；也有人说，激情就像金钥匙，当你置身于人生迷宫之时，助你撷取皇冠上的明珠。

雷石东所说的赢的激情，换句话说，就是坚定的信念。怀疑是信念之星的雾霭，在人迷离的时候，遮住了人的双眼；动摇是信念之树的蛀虫，在飓风袭来的时候，折断挺拔的枝干；朝秦暮楚是信念之舟的礁屿，在潮汐起落的时候，阻止了奔向理想彼岸的行程。

信念在人的精神世界里是挑大梁的支柱，没有它，一个人的精神大厦就极有可能会坍塌下来。信念是力量的源泉，是胜利的基石。一个人拥有坚强的信念是最重要的，只要有坚定的信念，强大的力量会自然而生。

"这个世界上，没有人能够使你倒下。如果你自己的信念还站立的话。"这是著名的强者、黑人领袖马丁·路德金的名言。

纵观在事业上有成就的每一个强者，他们都具有坚强的信念。巴甫洛夫曾宣称："如果我坚持什么，就是用炮也不能打倒我。"高尔基指出："只有满怀信念的人，才能在任何地方都把信念沉浸在生活中并实现自己的意志。"事实已经反复证明，自卑，是心灵的自杀。它像一根潮湿的火柴，永远也不能点燃成功的火焰。许多人的失败在于，不是因为他们不能成功，而是因为他们不敢争取。而信念，则是成功的基石。道理很简单：人只有对他所从事的事业充满了必胜的信念，才会采取相应的行动。如果没有行动，再壮丽的理想也不过是没有曝光的底片，一幅没有彩图的画框而已。

对科学信念的执着追求，促使居里夫人以百折不挠的毅力，从堆积如山的矿物中终于提炼出珍贵的物质——镭。就此，她曾如是说：

"生活对于任何一个男女都非易事，我们必须有坚忍不拔的精神，最要紧的，还是我们自己要有信念。我们必须相信，我们对每一件事情都具有天赋和才能，并且，付出任何代价，都要把这件事完成。当事情结束的时候，你要能够问心无愧地说：'我已经尽我所能了'。"

信念如处子，坚贞最可贵，雷击而不动，风袭而不摇，火熔而不化，冰冻而不改。拥有坚定信念的人，生活更加充实，生命更加绚烂。拥有坚定信念的人，是人生的强者。

# 你确定自己尽力了吗

我们经常会听到类似的说法：这件事我已经尽力了，但还是没有成功，我无怨无悔。是的，我来了，我努力了，我奋争了，即使输了，也没有任何值得遗憾的。只是，还有一个小小的——同时也很重要的问题：你所谓的"尽力"，是尽到了哪种程度的力呢？是不是"尽力"之后，就连吃饭、走路也使不出力气了呢？如果不是如此，怎么能说自己已经尽力了呢？

某位著名的法学家课堂上曾这样对学生说："在你为一个案子辩论时必须竭尽全力，如果你掌握了有利的人证物证，就抓住事实毫不放松。如果你掌握了有利的条文，就用法律拼命地攻击对方。"

这时，一个学生突然发问："如果既没有有利的事实，也没有有利的法律条文，应该怎么办？"

这位法学家想了一下说："即使碰到这种最糟糕的情况，你还是要想方设法，在法律许可范围内尽量制造有利于己方的证据以及寻找对方的漏洞。"

"实在是因为客观原因才会失败。虽然输了，可是我们也已经尽力了。"——我们经常会听到诸如此类的自圆其说。然而，这常常只是一个不负责任的借口而已。

所谓的"尽力"，是否意味着你已经绞尽脑汁、用尽才华，发挥了所有潜能，动用了所有可以利用的人力、物力……

如果不是，怎么能说自己尽了力呢？

不论对手是谁，不论有什么理由，人生的意义其实就是拼命争取胜利。或许有的人认为这未免太冷酷无情了，但竞争激烈的现代社会就是这般残酷！

德国大音乐家贝多芬说："在困厄颠沛的时候能坚定不移，这就是一个真正令人敬佩的人的不凡之处。"

遭遇紧要关头，绝对不可以松懈，必须想尽办法、拼尽全力冲破难关。一旦你穿过了这道瓶颈，前程就会豁然开朗，进入另一个光明灿烂无比顺畅的人生阶段。这就是"山重水复疑无路，柳暗花明又一村"的道理。

英国一名人说："谁以为命运女神不会改变主意，谁就会被世人所耻笑。"

# 第十章　靠自己冲破厄运的罗网

　　"好的运气令人羡慕，而战胜厄运则更令人惊叹。"这是塞尼卡得之于斯多葛派哲学的名言。确实如此。超越自然的奇迹，总是在对厄运的征服中出现的。塞尼卡还曾说："真正的伟人，是像神那样无所畏惧的凡人。"

　　幸运所需要的美德是节制，而厄运所需要的美德是坚忍；后者比前者更为难能可贵。人的美德犹如名贵的香料，在烈火焚烧中散发出最浓郁的芳香。正如恶劣的品质可以在幸运中暴露一样，最美好的品质也正是在厄运中被显示的。

# 是什么导致了厄运降临

在厄运与困窘之中，一些人喜欢用诸如"天啊，我的命怎么这么苦"之类的"咏叹调"来宣泄自己的痛苦与郁闷。真的是他们的"命"苦吗？未必。

导致一个人"命"苦的原因大致有三：一是他追求的东西有点难度，他现在正经历着追求路上的坎坷；二是他走错了路，追求了不适合自己的东西；三是"命"苦只是在他的心中而已，实际上他的"命"并不苦。

对于上面所说的原因之一，他该做的是继续努力，因为这个世界上能够称得上"事业"的事，绝对没有轻而易举成功的。对于原因之二，他该做的是好好评估一下自己的目标以及方法，如果是目标不切实际，趁早死心。对于原因之三，他要做的就是放开心胸，打开心结。

也许我们用一个求爱的例子来说明上述三种"命"苦，更有助于读者理解。一个普通人追求一个漂亮"美眉"，有希望但自然要费些心机与努力，此为原因一，一个普通人追求一个红遍全国的漂亮"美眉"，这太不切实际，这是原因二，一个普通人已经有了一个漂亮"美眉",只是他并不认为自己的"美眉"漂亮,这是原因三。

人在厄运之中,要思考一下厄运降临的原因是什么,自己需要做哪些方面的改善与努力。只有这样,才有可能扭转局势。因此,当你面临困境时,不妨问自己几个问题。

### 1. 问题的原因是什么——是环境、是别人,还是我自己

除非你尽一切可能找出问题所在,否则你就无法得知该怎么做。事情是从哪里出错的,是否在一开始就处于毫无胜算的情况下?是否是别人造成的问题?失败是成功之母,但之所以成为"母",前提是学会分析产生问题的原因,学会从错误中吸取教训。要从错误中学习,就得从找出问题的所在着手。

### 2. 所发生的事,确实已经失败,还是尚未达到目标

你必须学会分析对所发生的事是否确实是一个失败,或者你认为这虽然是一个偶然的错误,但实际上,它可能是目前暂时无法达到的一个不切实际的理想。不论你准备将失败的原因归罪于自己或他人,就算目标不切实际,那么达不到并不能算是完全的失败。

### 3. 挫折中含有多少契机

有一句老话说"玉不琢不成器",人不经失败也成不了大器。不论谁经历过什么样的挫折,也定有成功的契机。有些时候,那契机并非显而易见,但是只要你愿意去找就一定会发现。

成功人士大都会如此说:"脚踏实地的人,是经过历练之后去芜存精的理想主义者;而愤世嫉俗的人,则是经过历练之后却被

烧伤的理想主义者。别让逆境之火把你变成一个愤世嫉俗的人；反之，让它将你去芜存精吧！"

### 4. 我能从当中学到什么

一个小孩在海滩上堆沙堡，当他退后几步欣赏自己的杰作时，一阵大浪打过来，把沙堡冲散了。他望着那堆曾是他的杰作的小沙丘，说道："这当中一定可以学到教训，只是我不知道那是什么。"

这就是一般人面对困难的态度，因为他们被事情困得那么严重，整个人因迷惘而错失了学习的机会。但是，我们确实有办法能够从错误和挫折中学习。诗人拜伦说得好："逆境是通向真理的第一条路。"

一位餐饮业老板说："我从经营不善的一间餐馆所学到的教训，远比从所有成功的餐馆所学到的经验有价值得多。"成功人士都对此观点表示赞同。他在北京拥有五家非常出名的餐馆，并且在上海、广州和重庆都有餐馆。

因为每个人的状况不一样，因此对如何从挫折中学习，很难整理出一般性的原则。但是如果你在经历事情时能保持一颗善于学习的心，努力学习任何能帮助你采取不同做法走向成功的事，你就能不断改进自己。一个人如果心态正确，那么任何一个障碍都能让你更清醒地认识自己。

### 5. 对这段经历，我是否心存感激

美国的短跑名将爱迪·哈特，在1972年慕尼黑奥运会错过了100米短跑的预赛，结果丧失了赢得一枚个人比赛金牌的机会。但

是他对这个教训的看法是很正面的，他说："我们所追求的事，不见得每一样都能够获得成功，这大概就是我错过那场预赛所学到的最重要的教训。在我们生命当中，我们会经历许多失望，也许是没有被升迁，也许是没有得到所想要的工作，但是我们必须学会承受这些打击。体育比赛是很有价值的，因为它不是输就是赢，但在你成为一个优胜者之前你必须先学会输得起。"哈特很高兴自己能在后来的 4×100 米接力赛赢得一枚金牌，也为学到能承受打击而感恩。如果你也面临了失败，请试着培养像这样的感恩之心。

### 6. 我如何化失败为成功

有位作家写道："生命中如果有哪个因素是能够导致成功的，那就是从被击倒中得到益处。就我所知道的每个成功，都是因当事者能够分析被打倒的原因，而在下次再试时从中得到助益。"

从一个事件中找出错的原因是很有价值的。如果能更进一步地从错误中学习而改进，那就是转败为胜的关键。有时候我们从错误中学到了不犯相同的错误，而有时候也会有意外的发现，譬如爱迪生发明留声机，或是史诺宾发明无烟炸药。只要你愿意去试，一定能从表面看似很糟的情况中找出有价值的东西。

### 7. 谁能在这事上帮助我

一般人都能通过两个途径来学习，一是经验，也就是从自己的成功经验和错误教训中学得的；二是智慧，也就是从别人的成功经验和错误教训中学得的。不论怎样，我们还是尽可能地从别人的经验和教训中学习比较好。

如果有高人在旁指点我们，那么从自己的错误中学习如何分析挫折的原因就比较容易。如果没有高人，那么向许多人求教则是必要的。就如同爱德蒙·邓蒂斯如果没有法利亚长老帮他分析是谁害了他，就不会有基度山伯爵后来的复仇。

找对人求教是很重要的。有这样一个故事：一位官员走马上任的时候，在自己新的办公室里整理布置，当他在办公桌前坐下来时，发现前任官员留给他三封信，并附上说明，只有在承受不了压力的时候才能打开这些信。

不久，这个官员和新闻界发生了问题，于是他打开了第一封信，上面写着：怪罪到你的前任官员头上。于是他照做了，便风平浪静了一段时间。几个月之后，他又遇到了麻烦，于是他打开第二封信。上面写着：改组。于是他照做了。之后又平静了一些日子。但是因为他从来没有真正解决造成问题的根源，于是问题又来了，而且这次问题更大。在极度焦虑之下，他打开了第三封信，信上面写着：准备三封信。

我们是应当向人求教，但是求教的对象，必须是已经成功地处理过自身失败的人。

## 拥有直面厄运的勇气

东奔西忙的你，脸上是否写着"生活的压力太沉重"这句话呢？你是否带着所有思想中最重要的一种因素——勇气——上路呢？

别在该吃苦的年纪选择安逸

一个永不丧失勇气的人是不会被打败的。就像弥尔顿说的——

即使土地丧失了，那有什么关系。

即使所有的东西都丧失了，

但不可被征服的志愿和勇气

是永远不会屈服的。

睿智的罗马哲学家塔西佗这样说："诸神带着浓厚的兴趣，看护着超常的勇气。"

也许我们已经听到过类似的故事，一个身体虚弱的妇女，她正卧床不起，而一旦她面临某种无比紧急的情况时，比如一场突发的大火，她就会表现出令人难以置信的力量，表现出令人赞叹的勇敢行为。是什么造成了她以前虚弱和现在强大之间的区别呢？仅仅是因为在她平时绝望的心理状态中突然产生了强大的求生勇气。设想一下，如果在所有感到虚弱和绝望的人中间永远存在着这样一种勇敢的品质，那么我们人类将会怎样迅速地发展成为一个超群的物种啊！

如果你有一个不可战胜的灵魂，那么无论在你身上发生什么事都无法影响到你。当你意识到自己从伟大的造物主那里获得了源源不断的能量时，任何能真正影响到你的事情都不会发生在你的身上。无论什么事情降临在你身上，你都可以保持住你内心的平衡。

守卫奥弗格纳城的一个战士困在被包围的城堡中，他不断地对敌人进行射击，从一个窗口换到另一个窗口，这样既可以消灭敌人又可以有效地保护自己。而当整个城市的投降协议谈判完毕之后，对方要求城堡中的所有卫戍部队出来投降。令所有人感到吃惊的是，只有一个人走了出来，就是那个"最勇敢的法国第一枪手"，而且他还扛着自己的武器。奥地利军队的指挥官对着他大叫："你们整个卫戍部队必须放弃城堡！"接着又问："你们的部队在哪里？"这个唯一还在守卫城堡的战士骄傲地答道："我就是。"这是发生在中世纪的一场战争中的一个小故事。

任何一个人都不是磁铁，那么到底是什么东西使他吸引别人呢？人们最终会不由自主地进入到他所领导的团体中，他把人们吸引到自己的身边建立起了一个新的团队。他之所以成为最强大的人，就在于他有不可动摇的决心。而通常来说，能做到这一点，就是依靠一种出众的个性。

# 哭泣结果不如改变结果

在我们周围，不知道有多少人把自己所取得的成就归功于自己所遇到的艰难和困苦。如果没有各种各样的阻碍与失败的刺激，他们也许只会发掘出自己才能的一半，甚至还不到；但一旦遇到巨大的困难与失败的刺激，他们就会把他们的全部才能给激发出来。面对强大的压力时，如突如其来的变故和重大的责任压在一个人身上时，隐藏在他生命最深处的种种能力，就会如火山般喷涌而出，帮助他做出原本不可想象的大事来。历史上有过无数这样的例子。

一个偶然的机会，在伊黛和邓肯太太合作成立的"少女公司"，生产出一种在当时很"前卫"的胸罩，在市场上十分走俏。所产生的巨大利益空间吸引竞争者们纷纷加入。为了增强竞争力，伊黛打算暂时不分配利润，并尽可能借钱，购买机器设备，雇佣员工，扩大生产规模。

邓肯太太只是一个普通的家庭妇女，不像伊黛那么有野心，她对现在赚到的钱已经心满意足了，而且担心举债经营会赔掉已经到手的成果。她坚决要求及时分配利润。两人的意见发生严重分歧，只好解散合作。

当时，公司刚刚以分期付款方式购置了一批新设备，两人散伙后，现金全被邓肯太太带走，伊黛还得借一笔钱支付她的红利，这样，公司只剩下一些机器和一大笔债务，陷入无米下锅的窘境。伊黛出去找新的合伙人，没有人愿意答应；向人借钱，得到的回答都是"不"。因为这场内讧使人们误以为"少女公司"的生产经营遇到了严重阻碍。更糟糕的是，不明真相的债权人纷纷登门逼债，让伊黛穷于应付。许多员工以为公司大势已去，纷纷跳槽，200多名员工最后只有30多人留下来。

伊黛遭此打击，难免灰心丧气。但她知道，唉声叹气对结果没有任何好处，只能多想想解决问题的办法。经过几个不眠之夜的反复思考，伊黛确定了"安定内部、寻找外援"的思路。

首先，她设法稳住留下来的几十个员工，不给外界一个"已经倒闭"的印象。她开诚布公地向员工们说明了公司的真实情况，并宣布将十分之一的股权分配给他们。这样，员工离职的现象就再也没有发生过了。

接下来，伊黛积极筹措资金。经过多次碰壁后，她从银行家约翰逊那里获得了 50 万美元贷款。有了资金，"少女公司"立即焕发生机，它的业务成长得比以前更快。

在伊黛不断努力经营之下，"少女公司"的产品从胸罩扩大到睡衣、泳装、内衣等，产品畅销 100 多个国家，最终"少女公司"成为一家世界性著名的大公司。

伊黛作为一位杰出的女性，她对坚强的理解更为深刻，并以此来告诫她的子女："当坏事已经降临，悔恨、抱怨、痛苦没有任何意义，唯有从事情变坏的原因着手，设法改变它，以免事情变得更坏和同样的坏事再一次发生。这才是有意义的做法。"

任何一件事都是由许多要素构成，没有哪件事能够全部做对或会全部做错。所谓失败，通常只是某些应该做好的事情没有做好，并不是一无是处。只要认识到失败的存在，找到原因，搞清哪些事情没有做好，下次加以改进，同样的失败就不会再发生了。如果确实是因能力不足所致，也要以比较平静的心情接受失败的结果，吸取教训，但不要因懊恼而损害自己的心灵及身体。

## 梦想破灭是希望的开始

当一个人梦想破灭的时候千万不要灰心，因为有时候这只是预示另一个希望正向你招手，聪明的人就会抓住它。

19 世纪中期，美国西部掀起一股淘金热潮，大做"淘金梦"

的人从世界各地汇聚到此,一个名叫李维·史特文生的德国人,也千里迢迢跑到加利福尼亚州试运气。但是,李维·史特文生的运气似乎相当背,尽管拼命淘金,几个月下来却没有任何收获,使他懊恼地认为自己和金子没缘分,准备离开加州到别地另谋生路。

就在他万分沮丧之际,猛然发现一个现象,那就是所有淘金客的裤子由于长期磨损而破旧不堪,于是,他灵机一动:"并不是非得靠淘金才能发财致富,卖裤子也行啊!"

李维立即将剩下的钱买了一批褐色的帆布,然后裁制成一条条坚固耐用的裤子,卖给当地的淘金客,这就是世界上的第一批牛仔裤。

后来,李维又细心地将牛仔裤的质料、颜色加以改变,缔造了风行全世界的"李维牛仔裤"。

美国著名漫画家罗勃·李普年轻时热衷体育运动,最大的梦想是成为大联盟职棒明星。可是,当他如愿以偿跻身大联盟时,第一次正式出赛就摔断了右手臂,从此与棒球绝缘。

对罗勃·李普来说,这无疑是人生最残酷的打击。然而,他很快就摆脱了失败的噩梦,转而学习运动漫画,弥补自己的缺憾。李普发现不能成为棒球明星,便立下了在报纸上画运动漫画的决心,最后终于成为一流的漫画家,他的"信不信由你"的漫画专栏风靡了全球。

后来,李普常常告诉朋友,自己在第一场比赛就摔断右手臂,不是"悲惨的结局"而是"幸运的开端"。

倘若你所选择的"淘金"之路走到了尽头,梦想破灭了,千万不要过度失望，更不要沉浸于失败的痛苦中。你应该像罗勃·李普一样，把失败当作"幸运的开端"，而不是"悲惨的结局"，赶快树立新的目标，打起精神再次上路。如此，你才能在其他领域获得最后的胜利。

当你在人生旅途上尝到失败的苦果，千万不要就此意志消沉，一蹶不振，应该更加努力，勉励自己乐观豁达。那些让你跌倒的绊脚石，也可能变成你迈向成功的垫脚石，主要看你遭遇失败挫折之后如何面对往后的人生。

# 不同逆境的应对方式

对于人生逆境，并非如某些励志书上声称的那样"只要有勇气与决心就没有闯不过去的关"。事实上，我们在应对逆境时，需要尊重客观现实。在现实中，人生逆境大致可以分为如下三种形态：

### 1. 心中的逆境

对于要求过高的人来说，他们每时每刻都会处于逆境当中。吃要山珍海味、穿要绫罗绸缎、住要花园洋房、坐要名贵轿车、妻要国色天香、儿要聪明伶俐、财要富可敌国……想想看，这样的高标准在普天之下有几人能够达到？毫无疑问，在追求这些的过程中，必定是到处碰壁，心为形役，苦不堪言。

有些人以争取高水准为荣，强迫自己努力达到一个可望而不可即的目标，并且完全用成就来衡量自己的价值。结果，他们就变得极度害怕失败。他们感到自己时时刻刻都在受到鞭策，同时又对自己已取得的成就不满意。

一个刚出校门不到两年的小伙子，他感觉自己的生活简直一无是处："连一所房子也没有，害得我连女朋友都不敢交!"他也不想想：像他这种刚出校门的小伙子，有几人拥有自己的房子？再说，找女朋友和房子之间的关系就真的那么密切吗？我们可以想象，这样的人即使拥有了房子与女友，也会认为自己身处不幸之中：房子不够大、女友不够漂亮……这种人一辈子都生活在自己内心的逆境当中，除非他懂得从"高标准"的心态中走出来。

这类存在于人心中的逆境，其实只不过是一种虚拟的逆境。本来并未身处逆境，只是自认为身处其中而已。

## 2. 激励性逆境

人在跃过一道壕沟时，总会下意识地后退几步，给自己一个铆足劲儿的准备动作，然后奔跑，冲刺，起跳，完成跨越。这类逆境就是起这样的作用，它告诉我们，我们即将面临人生的一个腾飞跨越，因此必须停下来，做好充分的思想准备，调集自己全部的能量，然后蓄势而发，实现一次人生飞跃。

面对这样的逆境，我们所要做的就是运用我们全部的力量去打败它。许多伟人正是看到了冲破这类逆境后的巨大成功，所以他们才不遗余力地去战胜这样的逆境，并且最终获得了非凡的成就。

## 3. 保护性逆境

由于人们思考和能力的局限性，我们常常会走上错误的歧途，这时，亮着红灯的逆境就是一种警示，使我们意识到前面的危险，回到正确的道路上来。比如，臭氧层的破坏导致大自然对人类产生了报复，从中我们意识到了生态平衡的重要意义。于是我们开始治理环境，消除污染，大力实施环保措施，以使我们能够在一个和谐的环境里健康生存。有时，身体的疾病、夫妻不和、朋友间的疏远等，也是一种这样的逆境。让我们时常反思自己，是不是自己正在追求一种与自己的真爱相违背的东西，是不是我们正在做着一件损人又害己的事情。

对于这样的逆境，我们必须认真接受它给予我们的警示，不能一意孤行，否则，最终不仅不能成功，还会导致自己的惨败，甚至还会连累家人和朋友以及所有爱我们的人。所以，我们也可以称这一类逆境为保护性逆境。

曾经一度在媒体上热炒的某女孩狂追偶像刘德华，她一家从卖房捐肾的闹剧最终发展到父亲跳海自杀的悲剧，其中的种种逆境都在警示当事人不要一条路走到黑。但当事人就是一意孤行，最终陷入家破人亡的更大逆境当中，真是可悲可叹。

上述三种逆境的形态，最难做到的是如何准确区分。天下没有两个完全一样的逆境，在这里，谁也无法开列出一个详细的区分"手册"。能给出的是思考的方向，其他具体细致的工作只能由你自己来做。一旦找到自己所面临的逆境的形态，突破逆境就成功了一半，而这全凭自己去悟。

逆境并不意味着你就是一个失败者，而是意味着你目前还没有成功。逆境并不意味着你一无所获，而只是意味着你得到了教训。

# 苦难的筛子将弱者筛除

他是一个拓荒者的儿子，童年黯淡无光，长大后，因为不得体的穿着，一直受到别人的讥讽与欺侮。让我们看看他一生的苦难与荣光：

1816 年，家人被赶出了居住的地方，那年他还只有 7 岁。

1818 年，年仅 9 岁的他永远失去了母亲。

1831 年，他经商失败。

1832 年，他竞选州议员没有成功。同年，他的工作也丢了，想就读法学院，但又进不去。

1833 年，他向朋友借了一些钱，再次经商，但年底就破产了。接下来他花了 16 年的时间，才把欠债还清。

1834 年，再次竞选州议员，这次命运垂青了他，他赢了！

1835 年，订婚后即将结婚时，未婚妻却死了，因此他的心也碎了。

1836 年，精神完全崩溃的他，卧病在床 6 个月。

1838 年，争取成为州议员的发言人，没有成功。

1840 年，争取成为选举人，没有成功。

1843 年，参加国会大选，没有成功。

1847 年，他作为辉格党的代表，参加了国会议员的竞选，获得了成功。

1848 年，寻求国会议员连任，没有成功。

1849 年，他想在自己的州内担任土地局长的工作，但被拒绝了。

1854 年，竞选美国参议员，没有成功。

1856 年，在共和党的全国代表大会上争取副总统的提名，但得票不到 100 张。

1858 年，再度竞选美国参议员，还是没有成功。

1860 年，当选美国总统。

这个人的名字叫亚伯拉罕·林肯，美国第 16 任总统。林肯是美国最伟大的总统之一，但他更是一个从种种不幸、失落中走出来的坚强的人。如果不是因为具有那种面对苦难坚强应对的精神，他就不会在经历了如此多的打击之后，还能入主白宫。

1860 年，林肯被共和党提名为美国总统候选人，11 月 6 日，林肯当选为总统。林肯当选总统是对南方奴隶制的一个致命打击。奴隶主们为挽救奴隶制南部七个蓄奴州宣布成立"美利坚诸州同盟"，并组成军队制造分裂。林肯在这种情况下，于 3 月 4 日宣誓就职。

刚学剃头就遇上癞子。林肯正式就职才一个多月，4 月 12 日南部同盟就炮轰萨姆特要塞，用大炮向林肯发起了挑战。6 月 29 日，林肯召开内阁会议，会议决定在 7 月 21 日于马纳萨斯与叛军决战。由于联邦军指挥不力而被叛军打败。10 月下旬，联邦军再次被叛军在包尔斯打败，联邦军虽然接连失败，但并未动摇林肯镇压叛乱的决心。1862 年 2 月下旬，林肯命令联邦军分三路向叛军进攻。联邦军在西线和南线都取得了进展，而东线却遭到惨败，使华盛顿直接暴露在叛军的威胁下。战争的失利引起人民的不满，要求林肯采取措施，扭转战局。在人民的推动下，1862 年林肯政府先后公布了《宅地法》和《解放黑人奴隶宣言》。获得土地的农民和获得解放的奴隶，纷纷拿起武器，投入到反对叛乱的斗争行列之中，使战争的有利因素在 1863 年 7 月转到联邦军方面。1863年，林肯为了分化南方，着手制订重建南方的计划。1864 年美国进行总统选举活动，林肯再次被选为总统。

林肯的奋进之路充满坎坷。他付出了常人难以想象的代价……但是他从未停止前进。

充满传奇色彩的美国石油大王洛克菲勒在他的一生中，经历过无数的打击与挫折，如果他没有选择屡败屡战而是选择放弃，那他就不会成为后来的"石油巨子"了。美国的史学家们对他百折不挠的品质给予了很高的评价："洛克菲勒不是一个寻常的人，如果让一个普通人来承受如此尖刻、恶毒的舆论压力，他必然会相当消极，甚至崩溃瓦解，然而洛克菲勒却可以把这些外界的不利影响关在门外，依然全身心地投入到他的垄断计划中，他不会因受挫而一蹶不振，在洛克菲勒的思想中不存在阻碍他实现理想的丝毫软弱。"

命运用苦难的筛子，将弱者筛除，留下强者。

## 输得起才赢得起

俞敏洪说，人要有面对失败的勇气。他在自己的生命历程中遭遇过很多次失败，但是不断地失败才使他知道，坦然面对挫折和失败应该成为一种常态。一个人只有输得起，才能赢得起。

当年越王勾践兵败被俘时，输了江山，输了王位，输了尊严，真可谓输得个精光。但他表面上输了就输了，内心却不认输！他忍受各种难以想象的凌辱，才换回了自己的自由。是苟且偷生吗？非也，他最终用吴王的鲜血洗刷了自己的耻辱。

还有一个例子。楚汉相争时，刘邦很少占上风，老是被项羽欺侮。刘邦先打下关中咸阳（秦都），按照原先的约定"先入关中者王之"，应该是刘邦当王。但项羽仗着手里兵强马壮，不遵守约定，就在彭城称王。刘邦心里有气，但没有办法，只得忍气吞声装傻认输。项羽称王不要紧，还一口气封了18个诸侯，却只给灭秦立了大功的刘邦一个小小的汉王，封地是当时边远的巴、蜀、汉中（汉中稍好）等地。刘邦还是没脾气，只得委曲求全，远赴封地。刘邦输得起。而等到后来刘邦势强，将项羽追杀到乌江边时，项羽输不起了。输了多没面子，无颜见江东父老啊，于是用自杀的方式彻底毁灭了自己。一个输得起，一个输不起，境界不同，成就的事业也就有了高下之分。

认输比逞强需要更大的勇气。慷慨赴死易，委曲求全难。也正是这个缘由，项羽才会自刎于乌江河畔。

韩国的三星电子现在是一个国际知名品牌，其创始人李秉喆带领着三星走过无数坎坷方成大器。李秉喆并非神仙，他也有过重大失误，三星之所以没有深陷在失误的泥淖里沉没，完全是因为李秉喆及时退出的勇气与行动。在回顾自己辉煌的一生时，李秉喆说过这样一句话："做事应该有上阵的勇气，也要有及时退出的勇气。"

李秉喆所谓的"退出的勇气"，其实就是一种"认输"的勇气与智慧。三星经营原则中很重要的一点，就是既敢于开拓，又勇于退出。李秉喆先生曾说过："如果没有100%的把握，那就不要上马。一旦决定上马某一个项目，就要全力以赴。如果认为没有胜算，那就赶快退出来。"

1973年，三星与日本造船业的巨头H公司合作，在韩国庆尚南道买下150万坪（1坪约合3.3平方米）土地准备建造世界最大规模的造船厂。但当时由于石油危机，世界造船业陷入困境，有的客户甚至放弃订单，要求取消合同。三星一看行情不利，就毅然决定该项目暂时不上马。后来，李秉喆先生回顾说："如果当时那个造船厂上马，对三星的打击肯定是非常巨大的。做事应该有上阵的勇气，也要有退出的勇气。"

李秉喆的这次撤出虽然令自己"脸上无光"，但却避免了陷入一个持续投资却没有多大回报的泥潭。李秉喆认为，若不及早撤出，大型造船厂将很可能成为三星公司的"滑铁卢"，与其坐等因造船而全军覆没，不如另辟蹊径，别处生花。

做事必须能屈能伸。只能屈不能伸的人是庸才，只能伸不能屈的是骄兵，都不能真正顺应时势，成就一番丰功伟业。无论做任何事，在黎明前的黑暗一定要咬紧牙关挺住。但在实际操作之中，有些事经过仔细分析后，发现断无咸鱼翻身的可能，这时，唯有承认现实，保存实力。因此，"坚持"与"放弃"并不矛盾。他们是相辅相成的。

当恶果已经酿成，我们除了接受，还能怎么样呢？要改变吗？

那也就是后来的事情了，我们先要接受。当我们接受了最坏的情况之后，我们就不会再损失什么了。这盘棋输了，我认输，我和你再来一盘。拿得起就要放得下，要不然就不要拿。赢得起也要输得起，要不然就不要去搏。

　　"在面对最坏的情况之后，"心理学家威利·卡瑞尔告诉我们说，"我马上就轻松下来，感到一种好几天来没有经历过的平静。然后，我就能思考了。"应用心理学家威廉·詹姆斯教授曾经告诉他的学生说："你要愿意承担这种情况，因为能接受既成的事实，就是克服随之而来的任何不幸的第一个步骤。"